The long and the short of it

the science
of life span and aging

強納森・席佛頓——著
鍾沛君——譯

壽命天註定？

揭開生命週期、老化與死亡的關鍵機制

Jonathan Silvertown

貓頭鷹

好評推薦

本書用簡單的譬喻，恰如其分優雅的詩詞，來報導當代對生命老化現象的最新科學研究結果。令人讀後對生硬難懂的科學知識不再產生距離，學習到生物學家如何藉著觀察各種生物的生存策略，了解老化的基因發育機制與意義。

——王俊能／臺灣大學生命科學系及生態學與演化生物學研究所教授

「生」與「死」不僅是生命的終極型態，也是哲學家和生物學家在探索生命奧祕時討論最多，也最為困惑難解、眾說紛紜的大哉問。作者以形形色色的生物為例，用精闢而優美的文字帶領讀者思考壽命長短的意義，以及生命本質的問題。

——胡哲明／臺灣大學生態學與演化生物學研究所教授兼所長

人類的生與死是亙古之謎，不只許多神話傳誦，多數的宗教也在追求永生，生物學隨著遺傳學的快速發展，展開了對生死之謎的解析，作者強納森·席佛頓，英國的演化生物學者，以他的生花之筆，對生物的生與死的故事娓娓道來，許多生物不死，一如水螅與珊瑚，還有無性繁衍的植物，廣島核爆之後第一個回來的植物是銀杏，想一窺人類的老化與生死之謎嗎？那就邀請您打開書頁，一起展開探究之旅。

——蔣鎮宇／成功大學生命科學系特聘教授

席佛頓以優美又不失幽默的筆觸，描述當代最重要的一個問題。他利用最新的老化研究成果，結合個人對於人類情況極有同理心的觀察，讓一般讀者也能了解壽命科學，亦為專業人士提供精闢見解。是一本人人都能愉快閱讀，獲得豐富知識的書。

——瑞克萊夫／《自然的經濟》作者

獻給瑞莎　一生的時間

壽命天註定？——揭開生命週期、老化與死亡的關鍵機制　目次

編輯弁言

本書編譯期間承蒙中央研究院生物多樣性研究中心研究員邵廣昭老師，針對本書專有名詞給予指教，謹此致謝。

1 死亡與永生

目的地

夜晚是早晨的畫布
竊盜而來的遺產
死亡，但我們全神貫注
於永生

——艾蜜莉．狄更森[1]

不論早晚，每個人總會在某個時刻開始思考自己的死亡。無視死亡是年輕人的特權，但上了年紀的人，卻注定要深思生命的消逝。每一個人都用自己的方法在尋找答案，但是最終必然會提出同一個疑問：我會活多久？我又為什麼非死不可？衰老與死亡的背後有著什麼韻律或理由？早在科學提出答案之前，藝術家就在追尋能為生命與死亡的謎團賦予意義的韻律。這樣的韻律隱藏在鮮為人知但無價的中世紀藝術品中，現在就靜靜躺在英國倫敦西敏寺架高的聖壇前。

數十年以來，這件藝術品都靜靜躺在一張地毯之下，只有當新君主踏進西敏寺時，這塊地毯才會捲起。也只有在此時，這張用華麗繁複的馬賽克地磚拼成的「西敏寺大地磚」才會重現天日。地磚描繪了中世紀時期的宇宙觀，上面的植物、動物，以及人類的壽命，都與宇宙的壽命連結在一起，而審判之日將會宣告一切生命的終結。地磚原本的表面已經受損，因此我們無法完整判讀它所訴說的故事，但是透過歷史學家與考古學家發揮偵探的功力，這個故事的原貌已經獲得重建。整塊地磚被四方形的邊框包圍，上面銘刻的拉丁文告訴我們，這塊由馬賽克拼貼而成的地磚，是在亨利三世統治下的「耶穌紀年一二七二年」完成，[2]製作經費由教宗提供，使用的是義大利工匠從古羅馬時期的地板搶救回來的豔麗石頭。他們帶著這些蔚藍色、土耳其藍、紅色、白色，還有像是瘀青般的豬肝紅等顏色繽紛的玻璃磚，來到陰鬱的倫敦。其中這種豬肝紅的石頭，是偉大地磚中最稀有的石頭，只有在埃及的一處礦場中才能採集得到，但是這座礦場在耶穌出生前五百年就已經關閉。

方形的邊框裡有四個圓圈，線條彼此相連，像是用一條繩索所畫出的巨大迴圈。這些圓圈的圓周曾經被這些文字包圍：

如果讀者細細思量這裡鋪上的，
他將在此發現第十層天的界限：
邊界代表三年，

一層層的年齡，是狗、馬和人、
雄鹿與渡鴉、老鷹、巨大的海獸、這個世界：
每一圈都是前者的三倍年齡。

第十層天指的是中世紀宇宙觀中最外層的天體。因此，根據這段文字，有智慧的讀者會在偉大地磚的設計中發現宇宙的界限，也就是宇宙會存在多久。偉大地磚的中世紀設計師知道，不同動植物的壽命各有長短，他們也發現，這樣的差異其實是宇宙本身偉大設計的一部分。這塊地磚上相連的圓圈，體現了萬物的生命互相連結，也與宇宙的壽命相連的觀念。連結一切的，是神聖的數字「三」，持續累積到審判之日。在這裡，將各種生物的壽命連結在一起的公式，是以三年（在地磚被切割復原之前）為基準，乘以三就是三的二次方（九年），這是狗的一般壽命長度；再乘以三就是三的三次方（二十七年），是一匹馬的壽命，以此類推，直到三的九次方，也就是一萬九千六百八十三年，是**第十層天**的長度。

對中世紀的宇宙論者而言，一萬九千年一定長得像是永恆，但是我們現在知道以地球的歷史來說，這根本算不上什麼。泥盆紀的石灰岩也出現在這塊拼貼地磚上，這種岩石主要由海洋生物的化石殘骸所組成，大約有三億五千萬年的歷史，但是目前地球上的生命存在的時間，卻是這個數字的十倍（三十五億年），而這座星球本身的歷史，更比這個時間再長十億年。根據目前的估計，宇宙已經存在了近一百四十億年。關於時間的問題，雖然我們現在的提問和中世紀時我們祖先的提問一樣，但是科學給我們的答案，卻幾乎要超過我們想像力能及的範圍。

科學是怎麼看待壽命的？為什麼不同的物種會有不同的壽命？舉例來說，狗只能活十年，但人類卻能活八十年。中世紀的宇宙論者相信，在長短不一的壽命當中依舊存在著一致的原則，因為萬物都是神所建立秩序的數學序列的一份子。那麼科學有沒有自己的一套說法，能一致地解釋壽命為什麼各有長短呢？或者科學只是有大量的事實，就像一堆沒有秩序或設計的馬賽克磁磚一樣？此外，老化又該怎麼解釋？就連最長壽的生命都會隨著年紀逐漸喪失生理機能。我們為什麼會變老？動物與植物也會和我們一樣愈來愈老嗎？

這本書是我的馬賽克拼貼，用現代科學將這些問題的解答拼起來。不過我們會從西敏寺開始，因為以一座中世紀的教堂來說，這裡意外地有很多關於死亡與永生的訊息，不只是隱藏在偉大地磚裡的那些而已。

西敏寺是英國不朽人物的長眠之所。死者與其後代居住在同一片土地上，提醒我們，偉大的藝術與科學發現，都能超越死亡的限制。這裡既是國家陵墓，也是教堂，長眠此地的其中一人是喬叟（卒於西元一四〇〇年），他是《坎特伯里故事集》的作者。和他一起在詩人角供人紀念的還有莎士比亞、華滋華斯、狄更斯、珍．奧斯汀、艾略特、T．S．艾略特、詹姆士，以及幾乎所有英國文學史上的重要人物。這座英烈祠的牆面與地板被寫滿了這些傑出文學大師的名字，現在甚至蔓延到喬叟墓穴上方的彩繪玻璃上。王爾德以及波普就在照亮喬叟墓室的窗上的眾多姓名當中。

但這是一座英格蘭的教堂，所以在這莊嚴的建築物裡，看見這些名字如血管般盤踞在大理石上，其實是種諷刺、反叛，甚至是褻瀆。西元十七世紀時，隔壁西敏學院的學生在荒廢的走廊上，用理查二世的顎骨戰鬥。[3]後來，這些年輕學者還把他們的名字刻在墳墓上，甚至還刻在加冕用的椅子上，而這些塗鴉到現在還清晰可見。根據十七世紀的著名日記作家佩皮斯的記載，亨利五世的妻子凱瑟琳王后的木乃伊化屍身，在死後兩百三十二年出土，並且公開展出。在一六六九年二月的某一天，「因為獲得特別的幫助……我得到了她的上半身，我親吻了她的嘴唇，心想，我真的親了一位女王。」[4]

這種褻瀆聖物的種種跡象，讓後來的參訪者嚇壞了。十九世紀初，從紐約前去參觀的歐文寫道：

> 我認為，這座聚集大量墳墓的建築，不啻是羞辱的集合地；在虛幻的名聲與必然的遺忘中，這裡只是堆積了老調重彈的大道理！這裡其實是死神的帝國，祂穩坐在這座宏偉卻陰暗的宮殿寶座上，嘲弄人類榮耀的遺跡，在王公貴族的豐功偉業上遍灑塵土與健忘。永垂不朽的名聲，不過只是無用的浮雲啊！[5]

當你身在一座大教堂，被一千個已經遭人遺忘的名字圍繞時，不得不同意這樣的說法。所有人類的壽命，都會在年老體衰中結束，這如何能與死亡的永恆相比呢？從詩人角轉個彎就是西敏寺的南廊，這裡是康格里夫（1670-1729）的紀念館。這位詩人暨劇作家名傾一時，下葬時的抬棺者還包括當時的首相，但現在卻幾乎沒有人記得他。[6]康格里夫的情人是馬律伯勒公爵夫人海瑞塔，她用康格里夫留給她的遺產的一部分，命人用象牙雕刻一尊有發條裝置的雕像來紀念他。伯爵夫人每天都在桌子旁，對著她上了發條的情人說話，彷彿他還活著一樣，讓關於他的回憶，至少對伯爵夫人來說，暫時不被死神奪走。

西敏寺也是舉辦英國國王與女王加冕典禮的傳統地點，而這項盛大典禮的高潮是愛德華七世在一九〇二年的加冕典禮。當時正是大英帝國達到顛峰的時候，[7]英國國王當時統治了四分之一的地球，還是印度的君主，但他卻在典禮前被醫生警告，如果不將典禮延後，接受急性盲腸炎的治療，他可能就會在典禮當中離開人間。因此，儘管百般不情願，這位統治者還是只能向自己的死亡威脅低頭，不過到了加冕典禮真正開始時，他的身體還是很虛弱，地位與頭銜也避免不了年老所帶來的衰弱。當時主持典禮的樞機主教已經高齡八十，身體狀況比國王還要差。半盲、雙手顫抖的他，要宣讀儀式內容都有問題，更別說還有力氣把皇冠放到新君主的頭上。因此，在對著王位下跪後，他得靠著國王和三位主教的幫忙，才能重新站起來。樞機主教在典禮結束後幾個月就過世了。愛德華七世也只當了八年國王，享年六十八歲。

那麼現在的人對愛德華七世的印象是什麼呢？他在位時發行的硬幣，材質非常堅硬，數量也非常多，應該肯定足以讓他的名字流傳數個世紀吧？但這些硬幣現在早就已經不流通了。不同於他們的曾祖父母輩，現在英國的學生早就不會背誦這些君主的名字與在位的時間，不過在一九〇二年，有一位種植蔬菜的農民把新品種的馬鈴薯命名為愛德華國王，藉此紀念這位君主。所以很諷刺的是，在英國，「愛德華國王」現在是一種馬鈴薯。馬鈴薯活得比國王還久，每一顆馬鈴薯塊莖的基因，都和生產出它的那株植物的基因一模一樣，而既然每一顆馬鈴薯都是從先前採收的塊莖所生長出來的，所以原始的愛德華國王馬鈴薯其實一直存活到了今日，每一季都不斷增生。愛達荷馬鈴薯又是更古老的品種了，麥當勞的薯條通常都使用這個品種。這些馬鈴薯都比我們還長壽；而且如果你吃太多，那更肯定會比它們早死。我們之後會看到，為什麼植物可以破紀錄地長壽，還會了解飲食如何影響包括人類在內所有動物的壽命。

儘管有這麼多關於名聲須臾如浮雲的慘痛案例，歐文還是錯了。有些名字，包括他自己的在內，是會被記住的。莎士比亞曾經被遺忘嗎？在韓德爾莊嚴的音樂依舊繚繞的現代，又有誰不會在詩人角認出他墓上的頭銜？不朽作品的創作者也永生不死，就連伍迪・艾倫都曾語出驚人地說：「我不想透過作品達到永垂不朽，我要透過永生不死做到這件事。」牛頓爵士對於這種說法恐怕笑不出來，畢竟讓他出名的是重力，而不是這種輕浮。據說牛頓一生只笑過一次，因為有人問他，他認為歐幾里德的《幾何原本》有什麼用？[8] 牛頓在西敏寺裡的大理石紀念碑極為精緻，看起來簡直像一座聖壇，如同他照亮科學的重要性。詩人波普為牛頓寫的墓誌銘非常出名：「自然和自然法則總是藏在暗夜裡：神說『要有牛頓！』，一切就有了光。」

從牛頓的聖壇再走幾步，就是達爾文荒涼的墓地。這裡只有一塊簡單的白色大理石放在地上，刻著他的名字與生卒年。達爾文過世的時候，英國國教教會已經對演化論有很大程度的妥協，也把演化論加進了神所制定的自然法則名單當中。達爾文本人年輕的時候雖然受過神職訓練，過世的時候卻是個不可知論者。達爾文的信仰因為兩個至今仍令宗教苦惱的問題而崩潰：為什麼神允許邪惡存在？神的存在的物質證據又在哪裡？達爾文是個極為敏銳又仁慈的人，他為家庭犧牲奉獻，強烈反對奴隸制度，對他人非常體貼。當他所愛的女兒安妮在十歲時死於肺結核時，[9]他無法想像，如果神真的存在，怎麼能忍受一個無辜的孩子承受這樣的痛苦。面對安妮之死，達爾文的妻子艾瑪向宗教尋求慰藉，但達爾文卻只剩下對宗教的懷疑。現在的科學之謎是，為什麼演化會允許老化與死亡存在。上帝啊，為什麼是我，而不是不會老的愛達荷馬鈴薯？

在西敏寺裡，跟達爾文的墳墓並排、近到墓碑都要碰在一起的，是英國數學家暨天文學家赫雪爾爵士。早在達爾文出版《物種源始》之前，赫雪爾就開始思索他所謂的「謎中之謎，滅絕的物種被其他物種所取代的現象」，並且推測「若我們真有一天，能理解新物種的起源，我們將會發現那是自然的，而非超自然的過程。」當達爾文要寫《物種源始》的時候，就在序章裡提到了赫雪爾對「謎中之謎」的看法。達爾文選擇的書名也一定是受到了赫雪爾「新物種的起源」這個詞的影響。而他最偉大的成就，就是發現新物種如何在沒有神祕創造的情況下自然地出現。他發現了演化如何開始。

達爾文將推動演化的機制稱為「天擇」。他說，讓個體改變吧，那些具有某些能在日復一日的痛苦中生存下來的特質的個體，留下來的後代將會比能力較差的同伴留下的後代多。現在想像一下，在自然淘汰發揮作用下，這些變異被繼承下來，從父母傳給下一代。接著，這些導致繁殖更成功的特質自然會被選擇，在每一個世代中愈來愈常見。經過許多世代之後，天擇會帶來改變，在時間夠長之後，就像達爾文在《物種源始》的最後所寫的：「會演化出歷來最美、最奇妙的無盡之形。」[10]

西敏寺就是對存在的掙扎之證明。我們在這座建築裡看見，死亡是多麼強大的力量。當你走進最初在一千多年前建造的這座教堂時，你不可能忘記，與時間的無垠相比，人類的生命是多麼短暫。直到不久之前，疾病都還是奪去年輕生命與人才的最大劊子手。如果所有在詩人角紀念的才子才女都復活的話，那會有很大一個區域是肺結核病房。[11]濟慈（卒於一八二一年）二十六歲就死於這個疾病。肺結核還殺了勃朗特家三姊妹中至少兩位、她們脾氣古怪的弟弟布朗威爾，以及白朗寧（卒於一八六一年）與勞倫斯（卒於一九三〇年）；波普（卒於一七四四年）也受肺結核相關的發育不良及終生疾病所苦。其他文學界的受害者還包括伯恩斯（卒於一七九六年）、梭羅（卒於一八六二年），以及前面提到的歐文（卒於一八五九年）。引發肺結核的桿菌在人類的基因體上留下了自己的演化標記。[12]在接觸此種疾病最多的人口中，天擇增加了有抗病基因出現的頻率；事實上，人類基因體中散布著具有保護我們免受疾病所苦之功能的基因，而它們都是過去受到傳染病驅使的天擇產物。[13]

生產時的死亡曾經是很普遍、不分階級的現象，[14]亨利八世的母親以及他的六名妻子都死於生產。猩紅熱這種因細菌引起的疾病，侵襲的不只是上流社會的小孩，還有比較低階層的兒童。奧爾柯特的名著《小婦人》的時代背景是美國內戰時期，書中十三歲的貝絲就因為幫助窮人而染上猩紅熱，最後因此死去。死亡從未離開貝絲的世界，甚至她的六個娃娃都是體弱多病的。疫苗、抗生素、良好的衛生條件與醫療照顧，讓已發展世界裡的居民得以脫離對母體與兒童的死亡威脅，但是肺結核在發展中國家，依舊是可預防死亡的最大病因。

科學與公共衛生雖然戰勝了傳染不少次，但並非贏得長久的勝利。因為細菌的世代時間（generation time）非常短，所以它們能以極快的速率增生並演化。舉例來說，人類胃裡的幽門螺旋桿菌（*Helicobacter pylori*）通常無害，但這種細菌其實可能導致胃潰瘍甚至癌症。大部分的人是在兒童時期染上這種桿菌，如果沒有接受治療，這種桿菌會跟著受感染的人一輩子，並在他體內演化出特殊基因的菌株。[15]全世界有一半的人口體內都有這種細菌，如果你和我都感染了，那麼我體內的幽門桿菌一定跟你的不一樣。短命的病原體擁有快速演化的能力，因此幽門桿菌、結核菌以及其他很多疾病的病原體，都會出現具有抗藥性的基因。這些基因之所以散布，是因為它們讓細菌能逃過我們想毒死它們的手段；更糟糕的是，這些基因還能在不相關的細菌之間傳播，所以抗藥性會快速擴大，形成不同組合，使你的醫生說出你永遠不想聽見的這幾個字：多重抗藥性。

其他動物的幽門螺旋桿菌是不同物種，但很奇怪的是，身上的幽門螺旋桿菌在基因上與我們最相似的動物，卻和你想的不一樣，不是黑猩猩或猴子那些我們的靈長類近親，而是像印度豹、獅子，還有老虎的這些大貓。根據估計，這種幽門螺旋桿菌的祖先大約是在二十萬年前，從還住在非洲的人類身上跳到大貓身上的。[16]在那個時候，對大貓的恐懼必定讓我們的祖先得到了胃潰瘍吧。不過看來多虧了幽門螺旋桿菌，我們才能回敬這些大貓。

我們在造成疾病的細菌當中開始看到壽命演化的重要性。事實上，重要的並不是壽命長短，而是短的世代時間使細菌能夠擁有這麼大的優勢。壽命是從出生到死亡的平均時間，世代時間則是從出生到產生下一代之間的時間。細菌會透過分裂而繁殖，所以它們的壽命與世代時間是一樣的，最短可以只有二十分鐘。人類的世代時間大約是二十到二十五年，但壽命則是七十到八十年。

世代時間短的生物，演化之輪會轉得比較快，也比較可能發生快速的演化，這也是細菌能夠這麼快適應抗生素之類的新挑戰的原因之一。就算我們不看這種適應的能力，短的世代時間也有很多其他的優勢：留下最多後代的生物就是演化競賽中的贏家，因為短的世代時間能提高個體增加的速率，使得細菌在演化中有非常大的優勢。在長壽的生物經歷痛苦的青少年時期時，短命的生物已經生了後代，而且它們的後代也生了下一代。但是謎團出現了：如果世代時間短的優勢這麼大，為什麼這不是一個普遍的特徵？

我為這本書創作的馬賽克拼貼，是以環環相扣的謎團做為邊框，而在這些謎團當中，第一個就是這個關於壽命的謎。這些謎團需要各種稀奇古怪的事實，以及聰明的論述才能解決。就算你只關心自己這個物種，你也會在第二章發現，我們之所以不完全像那些短命微生物的答案，將透過比較多個物種而浮現出來，因為每一個物種都像是演化的一個實驗，都可能告訴我們一些新的什麼。接著在第三章我們會問：「老化是什麼？如果我們可以讓老化消失，我們又可以活多久？」第四章會探討遺傳對長壽的影響，並揭開一個驚人的事實：修改所有動物都有的特定基因，也許能大幅增加生命的長度。

希臘哲學家亞里斯多德（384-322 BC）也被稱為最早的生物學家，因為他對自然界有直接的觀察，並且曾經對長壽寫下非常精闢的見解。他觀察到，植物是最長壽的生物，因為它們能「持續更新自己，因此存活很長的時間。」在第五章裡，我們要探討的謎團就是，從馬鈴薯到巨型紅杉，這些植物是怎麼能做到極少動物能做到的事。對基因改造的知識能夠延長生命，讓某些植物看來根本是永生不死。在第六章碰觸的是最大的謎團：死亡為何會存在？或者更精確地說：「偏好能生存並繁殖的生物的天擇，為什麼會允許老化與死亡存在？」第七章要探討的大哉問，是像太平洋鮭這種有自殺行為的物種所引起的：「死亡會不會是適應的結果？」在最後兩章裡，我們面臨了最難解的一個謎團，也就是分子的老化如何發生。在身體老化的過程中，有很多事會出差錯，就連挑選一個對的問題來問都變得很困難，但是這樣的瘋狂自有其意義。以上就是我的馬賽克拼貼的草圖，而如果你想知道這些片段如何拼湊在一起，以及它們將呈現的華麗圖樣，那麼請容我為陛下鋪回地毯，接著請跟我來。

2 不斷流洩的沙漏

壽命

生命為何？一座不斷流洩的沙漏
因朝陽而退散的晨霧
一場紛亂喧擾卻不斷重複的夢
它的長度？片刻的停頓，片刻的念頭
那麼幸福呢？涓涓水流上的一個泡沫
在想握住它的瞬間便化為虛無

——克萊爾，〈生命為何？〉1

鄉村詩人暨自然主義者克萊爾（1793-1864）寫下這些文字的時候，像他一樣的農民生命，確實如英國哲學家霍布斯所說的那樣「貧困、惡劣、殘酷並短暫」。然而，和大部分的生物相比之下，就算是這樣的生命都還是高高站在尖塔的頂端。從演化的觀點來看，長壽其實沒有什麼好處。天擇偏好那些有助繁殖的遺傳特徵，所以使壽命短暫並在早期繁殖的基因，會像野火燎原般，隨著擁有該基因的生物後代不斷增加，在數個世代裡增生。相較之下，如果一個生物帶有使之晚熟、壽命較長的基因，那麼將會導致較緩慢的繁榮，也容易很快成為歷史。這是單純的算數：想像一下，有兩間銀行都會對你的存款支付複利。其中一間每個月付你百分之五的利息，一間一年付你百分之五的利息，哪一間能讓你賺比較多錢？每個月百分之五的複利，一年最後會讓一百元變成一百八十元，是你從那個慢吞吞的銀行拿到的五元的四十倍。這就是壽命短暫、早期繁殖為生物帶來的好處，順帶一提，如果你找到哪間銀行的月息有百分之二，不用百分之五，拜託一定要告訴我。

因此，長壽的謎團不是在於我們為什麼死得早，而是我們為什麼活得這麼久。這個問題當然有解，但卻是演化花了二十七億年才找到的答案，所以我們必須從接近生命起源的時候開始看起。最早演化出的，是簡單的、類似細菌的生物，而且對於地球上非常多的生命歷史來說，也就僅止於此。在化石中發現的最早的生命跡象，出現在大約三十五億年前，而且這種微生物也是地球在接下來的二十七億年裡，唯一的居民。世界上最短的一首詩叫做〈頌微生物之古老〉，簡潔有力地讚揚了這個事實：

亞當
有過它們

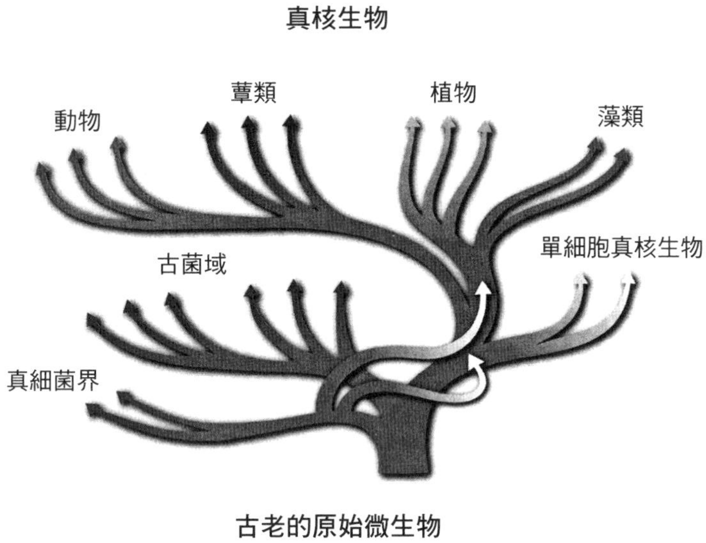

圖一　生命之樹，三根主要的枝幹分別是古菌域、真細菌界，以及真核生物。（From 99% Ape.）

它們是單獨的細胞，最複雜的形態也只是相同細胞形成的鏈狀或片狀。我們現在一般觀念中的所謂「生命」——也就是大得能讓肉眼看見的生物個體——都是在八億年前才演化出來的。

所以關於長壽的謎團，一部分的解答是：有很長很長的一段時間，根本沒有這個謎團。以地球歷史的大部分而言，幾乎所有生物都是單細胞的，[2]而且至少有很大的可能是生命短暫，但能快速繁殖的生物。就連現在，微生物的數量都占有極大優勢。在你身體裡的細菌與真菌數量，至少是你身體細胞的十倍。[3]美國詩人惠特曼曾經在〈自我之歌〉（一八五五）裡這麼寫：「我有容乃大，我包羅萬象。[4]」那時他不可能知道自己說得有多麼正確。

在生命之樹的這三根枝幹中，有兩根是只由微生物所組成的：真細菌界與古菌域。而就算在真核生物這第三根枝幹上，人類這個物種也只是最近才冒出的一根小枝枒，還有很多其他單細胞的生物都屬於這根枝幹（圖一）。微生物的基因多樣性以及生化天賦令人驚奇，在它們獨占星球的那段時間裡，它們演化出了你想得到的各式各樣生存方式，包括透過光合作用捕捉太陽的能量、利用硫磺在沒有陽光的深海裡進行化學反應產生能量、在黃石公園溫度高到能煮蛋的溫泉裡生存下來，以及在深入地底三公里深的南非金礦裡的岩石間存活。[5]多細胞生命的出現，使得微生物在這些生命周期長得出奇的暴發戶身上及體內，獲得了新的機會。沒有牛能靠著草就繁榮發展；沒有白蟻能把木頭全吃光；沒有人類能不靠在腸胃裡幫我們消化食物的微生物而生存下來。[6]

單細胞生物再怎麼大還是有限制，目前所知最大的細菌是硫磺珍珠菌，居住在奈米比亞海岸的泥巴裡，體型大約是英文中的句號那麼大（.）。[7]當多細胞的生命終於從不同專長的微生物組成的原始跳蚤馬戲團裡演化出來時，壽命較長的較大生物就得以出現，只是這些生物依舊是眾多小細胞的集合體。美國女歌手麗莎·明妮利有一句歌詞是：「生命就像一間小酒館，老朋友」，但其實不是這樣的；生命是一棟大樓，老朋友。不過老實說，我推測幫音樂劇《小酒館》創作歌詞的艾比，會因為得把「多細胞」這個字塞進一首不賺錢的歌裡而氣急敗壞。

不只生命本身是以單細胞開始的，我們每個人的生命也都是這樣開始的——從受精卵這個單一細胞開始。接著這個細胞會分裂，胚胎會成長，以高度協調的方式發展，完全忠於它所繼承的計畫，才得以在親代與後代間，產生強烈的家族相似性。這些多細胞生物，是由互相合作的細胞所組成的公寓大樓，這一點對於多細胞生物的長壽具有關鍵的重要性。多細胞的好處在於，一個生物可以透過使用新細胞取代受損、耗盡或受感染的細胞來自我修復。特化的免疫細胞對抗感染的方式，是辨識出病原體後加以吞噬、摧毀它們。因此，一個多細胞的生物會有一個修復單位，一支細胞防禦軍隊，還有一套健康服務機制，這些都是讓生命延長的原因。

然而，多細胞生物的潛在缺點在於，為了要成長與修復，有些細胞必須維持原本所繼承的分裂能力，這些細胞就是所謂的幹細胞；可是幹細胞的增生一旦失去控制，就會導致癌症。細胞分裂的過程若出現缺口，會成為一個大災難，使得生命因而縮短。事實上，大約有四分之一的美國人就是死於癌症。因此，多細胞生物有無數的機制在控制細胞增生，避免癌症發生，而這些機制的背後還是由基因來進行控制與調節。

多細胞生物就彷彿是停在非常陡峭的街道上的一輛車子，最後的下場就是衝進舊金山海灣裡。為了避免這樣的災難發生，就有多重的預警機制。舊金山當地有一條法令規定，如果你把車停在這種陡峭的街道上，就必須把輪胎轉向人行道，此外還要拉上手煞車，車子也必須換到停車檔，利用變速器鎖住輪胎。在細胞層次，為了阻止細胞猛衝到失控的機制比汽車還要多，但是因為細胞的數量有數十億個，每一個都是細胞分裂的產物，因此癌症對個體的傷害，比較接近在舊金山多變的街頭穿梭的車子中，每一千輛就有一輛失控的比例。也難怪大部分人在死去的時候，就算不是因為癌症而死，體內也都還是會有腫瘤，因為我們對抗的是細胞分裂壓倒性的數學計算結果。

不受抑制的癌細胞分裂繁殖的力量有多麼強大，可以用一種叫做海拉細胞（HeLa）的細胞株來說明。海拉細胞以一名罹患子宮頸癌的女性拉克絲命名，源於一九五〇年代初期，科學家從她的癌症組織中分離出這種細胞。在海拉細胞被發現之前，科學家都無法在實驗室的環境中保存活的人類細胞並使其分裂，多細胞動物身上取得的細胞，直到死亡前的分裂次數似乎有先天上的限制。但是拉克絲的乳頭狀瘤細胞，有著科學家在教科書上從沒見過的行為：只要實驗室提供正確的環境條件，這些細胞就能一再分裂。

海拉細胞很快成為生物學與醫學上的重要工具。拉克絲本人死於一九五一年，在短短一年後，她的細胞就被用於測試小兒麻痺症疫苗，最終拯救了數百萬的生命。短短幾年裡，供應海拉細胞的實驗室每周都會出貨兩萬支的試管，總細胞數大約是六兆。海拉細胞株變得無所不在，而且能輕易培養出來，也因此開始汙染實驗室培養的其他細胞，變得比較像是一種微生物，而不是一種人類細胞。事實上，不只有一位演化生物學家認為海拉細胞應該被視為一個新的物種，因為它具有自主性的存在。[8]海拉細胞甚至有自己的暢銷自傳：史克魯特所著的《海拉細胞的不死傳奇》。[9]

海拉細胞不是唯一甩開多細胞生物的束縛，不受困於大樓裡主宰生命的規範，像浪子般飄泊的腫瘤細胞。狗有一種性病是透過有感染力的細胞所傳染，染病的狗的生殖器上會生長出類似腫瘤的東西。這種疾病全世界都有，會影響所有品種的狗，甚至在狐狸身上也會發現。但是所有的感染似乎都是由單一源頭的同一細胞株所造成。[10]還好這些犬科動物的性病腫瘤在幾個月裡就會恢復，推測是因為這些腫瘤會被宿主抵抗外來組織的免疫系統所攻擊，就像是人類移植器官後，必須服用抑制免疫系統的藥物才不會有排斥一樣。

免疫系統是多細胞動物主要防禦感染的方式之一，但是免疫細胞需要基因印記（genetic signature）才能分辨對方是敵人，還是一樣住在大樓裡的其他居民。像我們這一類遺傳變異性高的群體，每個個體都有自己的基因印記（雖然近親之間有很多相似之處），免疫系統也都運作良好。可是在近親交配頻繁的群體中，基因變異就少很多，因此為這些流浪的腫瘤細胞開了一扇大門。一九六六年，一種新的疾病突然使有袋食肉動物袋獾受盡折磨，倖存的袋獾只有在澳洲東南方的塔斯馬尼亞島才看得到，也稱做「塔斯馬尼亞惡魔」。這種疾病使得受感染的動物臉上出現腫瘤，而且致死率百分之百。研究人員後來有了相當驚人的發現：從不同隻袋獾身上的腫瘤所取得的細胞，莫名其妙的都一模一樣，顯示這些腫瘤並不像大部分的癌症那樣是源自個體身上不同的、各自獨立的流氓細胞，而是透過袋獾之間口鼻的接觸互相傳染。[11]像袋獾這種棲息在島上的稀有物種，近親交配的行為通常很頻繁，也許這就是為什麼牠們面對這些流浪的腫瘤細胞會如此脆弱，並且會因為這種疾病而瀕臨絕種。[12]袋獾可能進入了保育生物學家所謂的漩渦式滅絕（extinction vortex）的過程，也就是因為群體的數量過少，導致近親交配，而近親交配又使得個體暴露在疾病之下，進一步減少群體數量，最後因為群體的總數量過少，光是罹病的機率就可能使得整個族群滅亡。

不論何種形式的癌症都毫不留情地提醒我們：長壽是一種不穩定的成就，必須抵禦快速的細胞分裂這股不受束縛的力量才能達成。動物的多細胞性帶來了較長的生命，但罹患癌症的風險，就是牠們必須付出的代價。細胞為什麼會變成流氓細胞呢？問題主要來自控制基因功能的DNA基因編碼發生自發性改變，稱為「體細胞突變」。每進行一次細胞分裂，DNA就會被複製，所以每一個新細胞都會有原細胞複製的編碼。這種複製很少會出錯，但不代表沒有。就算是很少見的事件，在機會夠多的時候，都可能變成不得不發生的事。只要一個禮拜的時間，你腸子表面的所有細胞都會因為細胞分裂而被取代——而且是兩次。[13]一次的體細胞突變不足以讓一個細胞在細胞分裂時失控，但是已經足以磨損煞車線，讓後代的細胞走上通往癌症終點的那條路。到了六十歲的時候，在你腸子裡提供替代細胞的幹細胞當中，有一些可能已經分裂過三千次了。這個數字再乘上腸子裡數千萬的幹細胞，結果會相當龐大；如果還不能以某種方法控制突變，那麼有些人在六十歲的時候，身體裡已經累積了數百種的突變。但如果是這樣的話，怎麼會有人能活過六十歲呢？

癌症是動物多細胞性的一項災害，但是癌症並不能決定不同物種的壽命長短，而這是另一個謎團。若比較不同動物因癌症而導致的死亡率，你會發現這個數字其實並不如想像中的有很大差異。舉例來說，大約有百分之二十的狗死於癌症，而白鯨則是百分之十八。根據目前的觀察結果，美國死於癌症的人，約占總人口的百分之二十五。這種物種間的微小差異非常重要，因為癌症發生的比例，似乎和物種的壽命長短沒有關係——從壽命約十年的狗，到壽命約四十年的白鯨，到約八十年的人類都一樣；和物種的體型大小也無關（白鯨的體重最重可達到一噸半）。但是癌症發生率應該會隨著體型與壽命而增加才對，因為這兩項條件都會使動物體細胞突變的風險變大，促使細胞分裂失控。動物的體型愈大，風險愈高，因為牠們比小型動物的細胞更多；壽命愈長，風險也愈高，因為牠們需要更多次的細胞分裂來取代舊細胞。因此，年齡與體型應該會讓至少一個細胞癌化的風險變大，而這可能會導致致命的後果。

讓我們試著用簡單的算式來檢視這個論點。根據美國癌症協會的紀錄，九十歲的人類罹患結直腸癌的機率是百分之五・三，[14]小鼠的細胞數量大約比人類少一千倍，這代表就算牠活到九十歲（這至少是牠們實際壽命的三十倍），牠們死於結直腸癌的機率，也會比九十歲的人類少一千倍，也就是極小的百分之〇・〇〇五三。相反的，藍鯨的體重以及細胞數量是人類的一千倍，所以如果照這樣來算，牠們到了九十歲的時候，罹患結直腸癌的機率會高到牠們八十歲的時候就全部死光了。可是事實上，藍鯨這種世界上最大的動物，並不如這種計算所暗示的那樣，是身上塞滿海盜般腫瘤的漂浮船隻。至於小鼠，著名的癌症流行病學家佩托曾在一九七五年發表的〈小鼠與人類的癌症與老化〉這篇文章中提出他的觀察：「大部分的物種在年老時都會罹患某種癌症，不管這個年老指的是八十周或是八十歲都一樣。」[15]他的觀察結果現在稱為「佩托悖論」（Peto's paradox）。

佩托悖論很清楚地表示，不知為何，活得比較久的物種，比活得較短的物種更能抵禦癌症。同樣的，體型較大的物種也比小型物種能抵禦癌症。[16]如果在物種演化的過程中，罹癌率真的會隨著體型與年齡而上升，那麼沒有一種動物能活得比小鼠還久，弓頭鯨也絕對不可能達到脊椎動物最長壽的紀錄：兩百歲。[17]只有一個方法可以解釋佩托悖論：演化能修改對癌症的敏感度。現在已經有證據能支持這個結論：保護我們免於罹癌的基因，也是與長壽有關的基因。[18]佩托悖論不只是比較生物學的一個有意思的理論，還指出了動物界如何有效抵抗癌症的方向。也許藏在西敏寺的偉大地磚裡的訊息是正確的，長壽的祕密其實就在大型的海洋怪物裡。

既然我們處於多細胞生物的領域，那讓我們來探索一下壽命如何會隨著物種而有所不同，並且試著找出背後的原因。你必須要體型很大才能長壽嗎？體型與壽命在動物世界裡的關連，對兩千多年的亞里斯多德而言是顯而易見的，但是體型是長壽的因還是果？或者也許是伴隨著長壽出現的產物？如果體型大可以保護動物免於被掠食者當作午餐，或是能讓動物在寒冬中存活，那麼體型大可能是長壽的直接原因。另一方面，長大是需要時間的，如果較大的體型可以帶來其他和生存無關的好處，例如繁殖成功的機會較大，那麼這些好處可能也是長壽與體型相關的附帶原因。

當然，也有可能這些直接與間接的原因，同時都導致體型與長壽的相關性。也許這就是一輩子都在成長的雙殼綱生物（蛤蜊、淡菜，以及牡蠣）的情況。隨著殼愈長愈厚、愈大，裡面的動物就受到愈來愈好的保護，也就可能會愈活愈久。貝殼上的生長輪代表了年齡，就像樹幹上的年輪一樣。研究人員最近從這些生長輪上發現，雙殼綱的動物是地球上最長壽的動物之一，可以和弓頭鯨與象龜相提並論，甚至可以打敗牠們。[19]在華盛頓州與英屬哥倫比亞沿海曾經發現一枚象拔蚌，緊閉了一百六十九年之久；而歐洲的淡水育珠蚌以一百九十年的壽命打敗了這個紀錄。不過老得可以當牠們的爺爺的，是在冰島沿海發現的古老北極蛤標本：牠有四百零五歲。

亞里斯多德是怎麼得到大型動物活得比小型動物久的結論？我們不知道。他曾經在希臘的萊斯伯斯島上的潟湖進行動物學的田野調查，並且在那裡解剖過很多種海洋生物。然而當時他沒有顯微鏡，甚至連鏡片都沒有，因此可能無法像現代動物學家那樣，利用魚鱗上的生長輪來判斷魚的年齡。也許他觀察到小型魚類會比大型魚類更早開始生育。最近才在澳大利亞的大堡礁發現的短壯辛氏微體魚，可以做為這個趨勢的極端例子。這種魚類在體型才〇・六公分的時候就開始生育，兩個月以後就死去，此時相同體型的魚還都只是小魚苗而已。[20]比較可能的是，亞里斯多德靠的是他對狗、羊、馬等家禽家畜的知識。

關於野生動物壽命的可靠資料很難取得，直到最近才有可能準確比較許多物種的壽命。動物園可以提供一些資料，但可能會因為這些動物都受到保護，不需面對在野外的危險而有所偏差，或者可能因為這些動物被捕捉時的狀態就已經不好，使牠們的壽命短於一般值。此外，動物園裡的樣本數很小，估計值也就更不準確。最好是在野外進行研究，抓到動物後，在牠身上做記號再放走，長期如此重複捕捉大量的動物，才能取得最好的估計值。關於各種脊椎動物的優質資料就是以這種方式取得的。

比較數百種哺乳類、鳥類、爬蟲類的結果顯示，亞里斯多德認為體型與壽命有相關性的看法是對的，但這只是一種廣泛的一般論而已。以哺乳動物來說，體型較大的物種，的確平均比小型的活得久，但是有很多脫離一般趨勢的偏差是值得注意的。[21]有袋類（marsupials，包括負鼠、袋鼠以及其他親戚）的體型算大的，但牠們與胎盤類的哺乳動物相比，壽命比較短。另外一個極端是靈長類，也就是哺乳綱下我們所屬的目：比起不同目但體型相近的哺乳動物，靈長目的壽命比較長。蝙蝠的壽命也比齧齒目動物等其他不會飛的哺乳動物長。常見的蝙蝠科動物伏翼，成年者的體重還不到六公克，但是在野外已知的存活時間可達到十六年；家鼠的體重是牠的四倍，但壽命最多只有牠的四分之一，也就是四年。[22]

齧齒目動物裡也有一些例外。裸隱鼠是一種很特殊的生物，牠們以家族為單位住在地底的巢穴中，由一隻女王主宰，不能生育的工鼠負責照料女王，很像蜂窩裡的蜜蜂。裸隱鼠的體型和一般家鼠一樣，但是牠們卻能活到二十八年之久。[23]對於這麼小隻的齧齒動物來說，這是很驚人的長壽：想像你在小孩五歲生日時買了一隻小倉鼠給你的小孩當作寵物，然後她到三十幾歲時都還在照顧這隻老鼠——這個經驗帶來的創傷可能會讓你連孫子都抱不到。裸隱鼠的長壽特別值得注意，因為齧齒動物不是一種長壽的動物。最大型的齧齒動物是水豚，體重將近五十公斤，但是在野外的壽命大約只有十年。

以體型而言，鳥和蝙蝠的壽命長得很不尋常，牠們比同體型的哺乳動物平均壽命多大約百分之五十。[24]不管是鳥還是蝙蝠，能飛的脊椎動物能活得比較久，也許是因為飛行能幫牠們逃離掠食者的攻擊。當然，各種鳥類的壽命也有很大的差異，而這些差異大部分，但不是全部，都和體型相關。紅鸛與牠的近親是最長壽的鳥類，緊接在後的是鸚鵡，鸌與信天翁所屬的海鳥家族表現也不差，落在第三名。[25]不意外的是，鶇和麻雀這類屬於燕雀階層的雀形目鳥類因為體型小，所以壽命也短。但是在這個群體中，烏鴉又是一個例外，因為牠們的平均壽命有十七年以上。烏鴉以使用工具取得食物而聞名，[26]以牠們的智力、社會組織與長壽而言，牠們稱得上是燕雀界的靈長類。

老年學家數十年以來都目光如豆，只關注我們自己這個物種。但是現在，我們愈來愈想了解裸隱鼠、北極蛤，以及其他幾乎可比擬為《聖經》裡的人瑞瑪土撒拉的那些特殊動物為什麼可以活得這麼久？[27]身為靈長類，我們活得比一般哺乳動物久。就算只是靈長類動物，都很奢侈地享有以年計算的壽命。但一個人類究竟可以活多久呢？要找到這個問題的答案，可沒有你想得那麼簡單。至少雙殼貝動物不會吹牛。

如果我們相信西敏寺裡的「帕爾紀念碑」的話，那麼他就是埋在這裡最古老的一位。帕爾的暱稱是「老帕爾」，因為他就是以長壽聞名：傳說他在一六三五年過世時，已經高齡一百五十二歲。[28]在十七世紀還有現在，都有人很樂於利用別人的名氣來獲得好處。老帕爾的突然暴紅與銷聲匿跡都在同一年。一六三五年，他已經垂垂老矣，目盲無齒，但收藏各種古董的第十四代阿藍得伯爵霍華卻注意到他，於是命人用轎子把帕爾從英格蘭西部的故鄉修樂郡抬過來，再前往倫敦展示給國王看。他沿路經過了各個驛站，都有許多慕名而來的群眾圍觀。

一個叫泰勒的詩人抓住帕爾的名氣所帶來的機會，出版了一本用詩寫成的自傳小書，書名是《那個很老很老很老的人》[29]，一點都不讓讀者有機會疑惑這本書的主題是什麼。泰勒也提到很多他的讀者必定非常關心的細節，例如老帕爾在一〇五歲的時候，與「美麗的蜜兒頓」的姦情。

這時是誰火熱的身軀熊熊燃燒
是老帕爾的熱情如火

即使四十七年後出現在倫敦，泰勒告訴我們，老帕爾身體的各項機能都還很硬朗：

他會熱情地談笑並保持愉快；
喝麥芽酒，偶爾還喝杯雪利酒；
他喜歡有人陪伴，有人理解的交談，
而且（兩邊有人攙扶時）有時候還能行走
……
因此（我的想像力既枯燥又虛弱）
我解剖了這個可憐的老人。

最後當然不會是好結果。倫敦的富裕生活或者是大城市裡的汙染，讓老帕爾在那年結束之前就過世了。活的時候他被詩人泰勒解剖，死的時候，他則被當時發現血液循環的名醫哈維解剖。

誰不會被一個好故事吸引呢？泰勒所寫的帕爾傳記被多次重印，主人翁也成為民俗傳說的主角。兩個世紀過後，在《帕爾獨特的生命與時光》這本新書裡，這個故事又有許多渲染。這本書宣稱發現了老帕爾最後的遺囑，內容包含他親身證實的長壽祕訣：一種可購買的草藥配方，名為「健康、力量，與美麗的帕爾生之藥」。這些藥丸到了一九〇六年都還在做廣告。

十七世紀的哲學家一直執著於找出延長生命的方法。法國哲學家笛卡兒（1597-1650）在四十一歲時發現自己的頭髮開始變白，於是突然開始全心投入延長生命的研究。不論科學與常識如何解釋，人類的心智對於了解自己的消滅都有巨大的困難。雖然他說服自己有可能像《舊約聖經》裡的那些族長活得那麼久，還讓他人留下他全心致力於達成這件事的印象，不過笛卡兒還是在五十三歲的時候就死於肺炎。當時一份無情的報紙評論是：「一個宣稱自己能想活多久就活多久的傻瓜死了。」

可惜的是，就像笛卡兒的研究一樣，其他十七世紀對長壽有興趣的自然哲學家，都沒能靠研究而成功延長自己的生命。觀察到「知識就是力量」的培根（1564-1626），著有《生與死的歷史》一書，並在書中將長壽者分門別類，列出如何與他們並列高壽的建議。[30]他自己死於六十五歲，可能也是感冒引發的肺炎受害者——他突發奇想地打算實驗把雪塞進全雞裡看能不能保鮮，結果感冒了。當然，他恰好是對的。大約就在兩百年後，伯德西（1886-1965）就因為快速冷凍食物的專利而大賺一筆。

英國博物學家虎克（1635-1703）在他開創性的著作中，發明了「細胞」這個字，用來描述他利用顯微鏡觀察到的小型腔室。他也對於人之所以再也無法達到《舊約聖經》裡的長壽紀錄，提出了巧妙但可能有錯的解釋。[31]虎克認為，亞當的九百三十歲，瑪土撒拉的九百六十九歲，甚至是最年輕的一百七十五歲的亞伯拉罕的年齡計算基礎，都是比現在還短的「年」。因為地球繞太陽的時間從《聖經》時代開始就因為摩擦力而變慢，一年的時間變得愈來愈長。因此，這些族長之所以**顯得**長壽，只是因為他們的年紀是以時間比較短的「年」來計算的。

沒有任何文獻記載有人活到一百五十二年之類的，所以我們必須對老帕爾的說法抱持一點保留態度，不過他是唯一和名流富豪一起長眠在西敏寺的鄉下農夫，這就足以讓他在平民間鶴立雞群了。四百年前的農夫的生命通常很痛苦而且很短暫。就算到了現在，從事手工業的人壽命都還是比社會地位更高的人短。但更奇怪的是，世界上很多宣稱最長壽的人都生活困苦，住在貧窮、偏僻的郊區。這彷彿是伊甸園的失樂園，眾人遍尋的高山間的香格里拉，只要你踏實地勞動與儉樸的生活，就能打敗年齡的老化。

在童書界永垂不朽的作家蘇斯博士只寫過一本非童書，書名是《你只會老一次》。他在書中比較了在一般地方老化所帶來的哀傷情況，以及在他自己想像中的香格里拉裡，老化又是什麼樣子：

在佛塔菲茲綠草如茵的山巒間
所有人都舒服自在
高齡一百零三也無礙
因為他們呼吸的空氣
沒有受到鉀汙染毒害
而且他們吃的堅果

都是塔塔樹生產
使他們牙齒強健
頭髮濃密自然
他們那裡沒有醫生
也不需要任何治療[32]

蘇斯博士的「佛塔菲茲」靈感可能來自位在安地斯山脈厄瓜多爾的比爾卡班巴小鎮，這裡曾經有許多超級人瑞（超過一百一十歲）居民，被視為香格里拉。《洛比機：來自神聖山谷的長壽祕訣》的作者哈希兒表示自己曾去過比爾卡班巴，並要求當地居民「帶我進去」，[33]他們在各方面也都很大方地幫忙。據說那裡的居民拉蒙高齡一百一十歲，可以像山羊一樣爬山，格薩妲以保持處子之身直到一百〇四歲為傲，伊洛索則宣稱自己到了一百三十二歲都和二十歲時一樣勇猛。這些說法讓比爾卡班巴一度成為醫生與老化研究者的聖地。然而到了最後，一開始彷彿是支持比爾卡班巴極端高壽的文獻紀錄，都被發現有所不足。[34]這些老人根本連一百歲都不到，他們的平均壽命其實是八十六歲。一項針對壽命的研究比較了比爾卡班巴與附近城鎮的居民壽命，發現兩者間根本沒有差別，而且顯示他們的平均年齡比美國人還少百分之十五到三十。[35]

在世界各地，在巴基斯坦、中國、亞賽拜然等地的偏遠地區，陸陸續續出現一個又一個可能的香格里拉，但又紛紛被證明它們都像原本的香格里拉一樣虛幻，是建立在誇飾與欺騙之上。[36]直到不久前的二〇一〇年，希臘政府還發現在五百名領取老年津貼的超級人瑞當中，其實有三百人都已經過世。在美國，被登記超過一百一十歲的人當中，不到百分之二十五在過世時能確實被證明他們是真正的超級人瑞。《金氏世界紀錄》的編輯經常受邀前去判定極端的高齡，他曾經寫過：「在所有受檢驗的對象中，那些宣稱自己極端長壽的人，是最受到虛榮所蒙蔽，並且是最虛假刻意的詐騙者。」

說了這麼多迷思，那真相是什麼呢？在寫作這本書的時候，世界上被確認年紀最大的人是法國女性克蔓特。她在一九九七年過世，享年一百二十二歲五個月又兩個禮拜。[37]她在法國南部的亞耳出生及死亡，當梵谷在此創作他最有名的作品時，認識了當時十三歲的克蔓特。丹麥裔的美國人莫坦森，則是被認證為世界上最長壽的男性。他在一九九八年過世，享年一百一十五歲。他也是擠進世界二十大長壽者名單中，唯二的男性之一。

這些老人大部分都在一〇五歲之後快速老化，但克蔓特是個例外。她在九十歲的時候和律師簽了一份合約，律師同意每年付一筆選擇權費用，保留在她死後購買她的房子的權利。這名律師一付就是三十年，結果自己才七十七歲就比克蔓特早走一步了。克蔓特在一百一十歲的時候搬到養老院，原因不是她生病了，而是因為她差點把自己的房子燒了。在一個寒冷的一月天，爐子上的水結冰了，所以她爬到餐桌上，試著用蠟燭把冰融化，結果把房子的絕緣層都燒了起來。雖然克蔓特堅決不想搬家，但她必定看到了這件意外好笑的一面，因為她的長壽祕方就是：「永遠保持幽默感，我的長壽就歸功於此。我想我會笑著死去。」她很享受長壽帶來的名氣，而且喜歡開玩笑說：「我向來只有一條皺紋，而且我正坐著它。」

健康的長壽者之間很少有共通點，但是這些共通點中，似乎都包括了充分的幽默感。為了寫一篇關於薩丁尼亞島的健康長壽祕訣的文章，《國家地理雜誌》的記者布特納試著訪問九十一歲的牧羊人賽巴斯汀，沒想到卻踢到鐵板：「我接近他，想問他的年紀來打開話匣子，結果他帶著惡作劇的笑容回答我：『十六歲。』接著我打算請他喝酒破冰，所以問他喝不喝酒。結果他回答：『不了，我的醫生叫我不要喝酒，我只喝牛奶。』」[38]我猜比爾卡班巴的長者應該也以玩弄這些問東問西的人為樂。

這些長者可能也會開心的另一件事是，多虧了他們，我們人類也名列比近親物種——可能體型更大——長壽的那些特殊物種之一。在長壽博物館裡，我們跟蝙蝠、紅鸛、裸隱鼠、北極蛤、弓頭鯨，還有最近象徵長壽的新成員洞螈，又稱為人面魚，都在玻璃罩後面。洞螈不是靈長類也不是魚類，是在東歐的洞穴裡發現的瞎眼蠑螈，體型很小，只有二十一公克。根據計算，牠可以活超過一個世紀，穩坐在紀錄保持者的位置上。不論體型是否比牠大上數千倍，沒有任何兩棲類動物能打破這個紀錄。[39]

在這一章裡，我用一些謎團吊吊你的胃口，再向你提出許多事實，全部加在一起就是這樣：

首先，一個奇怪的事實是，在最初的二十七億年裡，演化似乎對於一個微生物的世界感到很滿意，因此沒有任何多細胞或是長壽的生物出現。多細胞生物之所以過了久得不尋常的這段時間後才出現，也許只是因為要演化出更大、更複雜的生物，本質上就非常困難；但是也有可能是因為，世代時間短所帶來的強大演化優勢，讓微生物立於不敗之地。事實上，我們到現在都還在和它們對抗。當多細胞這種公寓大樓結構最後終於出現，裡面的細胞都會受到控制，並且被導向不同的任務，提供生長、防禦、修復，當然還有最重要的——繁殖生命等等功能。這樣的分工雖然能延長生命，但是卻要付出一點代價。至少動物要付出的代價，就是體內那些自以為是寄生的微生物，以及彷彿有自己生命的流氓細胞所帶來的罹癌風險。

乍看之下，較大的體型和較長的生命似乎是並存的。至少大型的動物比小型動物更能抵抗癌症，不過長壽和體型間的相關性還是有很多例外，像是裸隱鼠和洞螈就都比體型更大的近親物種活得更久，就連人類都比同體型動物的預期壽命長，而這個謎團我還會回頭討論。「我們究竟能活多久」一直都是寓言故事和奇聞軼事喜愛的主題，不過可以確定的卻是這個令人憂慮的事實：不管是老帕爾還是老鸚鵡，我們都會隨著年紀漸長而老化。

3 數個夏日之後　老化

天鵝在數個夏日之後死去
我卻僅能殘酷地永生
揮霍著：我在你的臂彎中慢慢凋零
在這個安靜而有限的世界裡
一個白髮蒼蒼的影子如夢般遊蕩

——丁尼生，〈提桑納斯〉[1]

小心你許的願，因為命運可能真的會回應你的呼喚。這是古希臘神話中不斷重複出現的主題。曾經有一個凡人叫做提桑納斯，他是曙光女神追求的對象。[2]曙光女神一向對年輕男人很有興趣，也曾誘惑過提桑納斯的哥哥加尼米德。希臘的神祇似乎有著凡人的所有弱點，而且還因為神格而被放大。祂們淫亂、會嫉妒、愛爭吵、有報復心，而且像那些不怕死的人一樣，特別喜歡從事高風險的行為。祂們尤其喜歡為了祂們精挑細選的上等凡人而爭吵。眾神之王宙斯把加尼米德從曙光女神那裡偷了過來，而她所要求的補償，就是要求宙斯讓她剩下的愛人提桑納斯獲得永恆的生命。宙斯同意了曙光女神的要求，但她很快就後悔自己要了這份禮物。因為隨著年歲的消逝，提桑納斯開始變老，變得雞皮鶴髮，身形矮小，聲音又抖又尖。

曙光女神此時才了解到，她應該向宙斯要求的，是讓她的愛人永保青春，而不是永生不死——但為時已晚。提桑納斯的命運，提醒了我們老化與壽命之間的差異。老化，或者說衰老，是生理機能隨著年齡增長的退化。衰老使長壽有所限制，因為它會逐漸增加死亡的風險。只有在神話裡，衰老與死亡才可以分家。英國詩人丁尼生想像了垂垂老矣的提桑納斯對愛人的悲嘆，他乞求自己能從永生的詛咒中解脫，以便加入「有能力死去的幸福之人」的行列。

如果你想要長生，那麼你應該許的願是延長健康的生命，而不只是更長的生命。而且也最好快點許願，因為衰老遠比你想像得還早開始。美國才子納許以各種主題的詩作聞名，他說：

衰老開始[3]
中年結束
就在你的子孫數量
超過朋友數量的那天

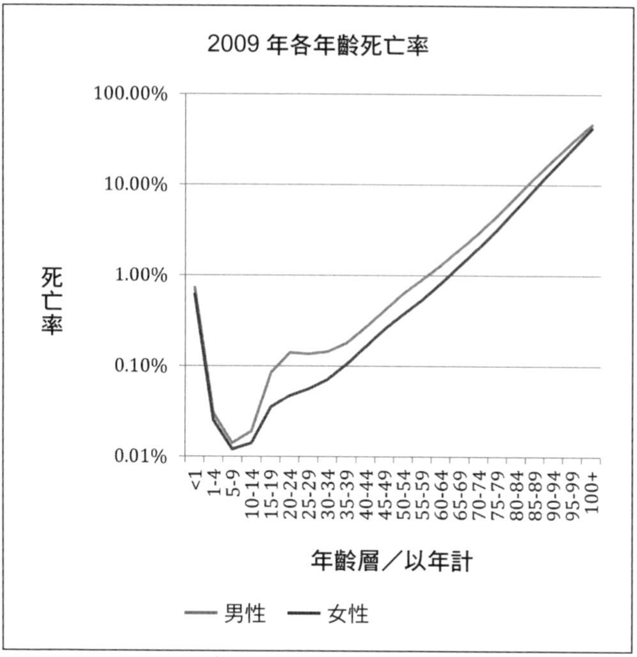

圖二 二〇〇九年美國人口各年齡的死亡率（即在該年齡死亡的可能性）。（資料來源：世界衛生組織）

可惜他的說法根本是太樂觀了。因為衰老早在中年之前就開始了；事實上，可能在青春期後沒多久就開始了，也就是你開始能繁衍子嗣，思考壽險的年紀。不過可以肯定的是，要是哪個青少年想著死的時間真的多過想著性，那他需要精神科醫生的急迫性應該多過需要找財務顧問。

衰老的開始，以及在成人生命裡的程度增加，可以從衰老對死亡率的影響看出來。死亡率通常以百分比來表示。（圖二）舉例來說，以二〇〇九年的死亡率來算，一位五十歲的美國男性在下一個生日之前死亡的機率大約是百分之〇．六。[4]如圖所示，死亡率在出生時特別高（新生兒死亡），但接著開始下滑，直到大約十五歲才又開始上升。因此，以所有人類還有大部分的動物來說，只要性成熟，死亡的風險就會開始隨著年紀而增加。成人死亡率隨著年紀增加的速度，就是衰老的指標。

衰老所帶來的虛弱與疾病是生理上的，而且因人而異，但是它們加總起來後對於死亡率帶來的影響，使得衰老也成為了一個統計現象。海佛列克是老化研究的傑出研究者，他曾經開玩笑說：「現在無庸置疑的是，老化是統計學存在的主要原因之一。」[5]但是如果你深入研究這個主題的歷史，你就會發現這其實和事實相去不遠。衰老確實是統計學發展的主要原因，不過理由並不如一般人猜想的那樣。現在，死亡率統計是實證醫學所使用的一個重要工具，比方說用來判斷吸菸與肺癌之間的關係。但是最早的死亡率與老化研究，其實比這種醫學用途還要早好幾百年。這些研究是為了金融而非醫學目的，而且背後的動機就是：生命是一樁高風險的生意。故事的全貌讓我們知道，衰老最早是如何被視為一個統計現象並且測量的。

在啟蒙時代之前，教會規定了生活所有層面裡可做與不可做的事，包括經濟活動。在這些禁令之中，有一條罪就是放利，也就是借錢給人收取利息。[6]直到今天，伊斯蘭的律法中還保留了禁止放利的教條。在中世紀的歐洲，放利是《聖經》中明示可以逐出教會的罪，這與亞里斯多德學派的哲學相悖，而且與人性相反。教會的理由是，因為利息會隨著時間而增加，所以賺利息被視為相當於靠著賣時間過活，但時間是屬於上帝的。雖然教會與神職人員經常出於一己之私而忽視這個教條，不過一般大眾還是不能放利。因此，那些想借錢牟利的人，就必須想個能賺錢的方法，又不會讓自己受到教會譴責。一個可能的解決方法，就是從債權人的角度來想，因為他有錢拿不回來的風險，所以應該可以為此得到合理的補償。因此，如果這筆錢借出去有可能拿不回來，那麼透過借貸而賺錢就是可行的。

那麼，有什麼比須臾的生命更有可能讓錢拿不回來？畢竟我們沒有人知道自己什麼時候會死啊。因此當時的人發明了「生存年金」。你在合約開始的時候，付一筆錢給生存年金提供者，在你有生之年，每年都可以拿到一筆年金。你的年金總額，取決於你一開始投入的金額，以及你會活多久。顯然你活得愈久，領到的錢就愈多。所以提供年金的人會調整最開始的年金價格，確保自己能夠獲利。年金本質上就是有風險的，而且相當於投資者與提供者之間的賭博，賭的是一個人可以活多久。如果這個人的壽命比預期得短，那麼提供年金者就贏了；如果比預期得長，投資者就贏了。對於發給許多人年金的提供者來說，要能賺到淨利，就要有相關人口的正確死亡統計資訊。這些資訊都在壽命表裡，這是根據教會或其他死亡年齡紀錄的資料所編寫的。死亡率的統計數字會這樣列成表格，就是因為衰老會使死亡率隨著年齡而增加。如果壽命表的資訊是準確的，而年金的利率也據此訂定，那麼提供者就像是賭場老闆一樣：有大把賺不完的鈔票。

應該要有人警告蘇格蘭詩人暨律師奧創（1805-1856），年金是一種賭博，而且不是穩賺不賠。他曾使用蘇格蘭常見的方言寫了一首詩，和大家分享他的痛苦經驗，內容就是他賣生存年金給一個新喪寡婦的經驗。這裡只列出奧創滿腹怨懟的十九首詩當中的兩首：

這交易看來划算
畢竟她剛過六十三
但我靠著人類的腦袋
倒猜不著她長命沒禍沒災
一年一年，春去秋來
她還是壯得像頭牛般
這婊子還能回春髮不白
因為年金到了她手中來

……

我研究了精心製作的壽命表
是保險公司用的表
她活下來的機率
上頭寫得清楚明瞭
但是一張又一張的表

都沒猜到她多活了十年這麼老
彷彿再活十年也免煩惱
都為了她的年金不能少[7]

奧創最大的錯誤就是相信提供給保險公司的壽命表，而且不是只有獨立投資人犯了這個錯。十九世紀初，英國政府因為發年金給投資人時犯了兩個錯誤，而慘賠一大筆。一開始的錯誤是他們使用的錯誤資料高估了死亡率，因此支付年金的時間過長，無法獲利。而這份錯誤的資料，是由當時公平保險社的精算師摩根摘選的。不過同樣的這個錯誤，先前反而讓保險社在運用這份資料計算壽險理賠金額時大賺一筆。購買保單的客戶的死亡風險其實比保險社計算的還要低，但卻付了高額的保費；也因為他們的死亡風險其實不高，所以保險社付的理賠也比預期的少。可是在計算年金的成本時，相同的錯誤卻造成了相反的財務大災難；原因當然就像奧創發現的：活得愈久領得愈多，所以政府就賠了很多錢。

第二個大虧錢的錯誤，是英國政府讓投資人能以第三人的壽命領取年金。這種做法讓投資人能搜遍所有人口，找到最有可能比政府資料更長壽的人，讓自己領錢的機率增加。利用這個條件的其中一個投資人是詩人華滋華斯，他住在湖區，可以觀察當地一般人的長壽情況：[8]

草窪山谷森林邊
牧者麥可居數年
心強體壯勝老年
體型古今都不變
健康傲人心志堅
熱情儉樸萬事安
牧羊本事沒得嫌
警醒機敏常人嘆[9]

對投資人來說，靠老人長壽領的年金特別賺，因為政府太低估了長壽者可以活到多久。尤其投資人發現，在蘇格蘭高地這種比較健康的地區，以及倫敦桂格教派教徒這些特定的族群，都有特別長壽的人口。華滋華斯用四十位老人的壽命為標的，投資了四千英鎊的年金，大賺一筆。

但這個故事有著出人意料的轉折。公平保險社後來成為公平壽險社，而在他們二〇〇五年倒閉之前，一直都以本身悠久且應該是獨特的歷史自豪；換句話說，他們反而以自身的長壽作為賣點。不過這段歷史也是一個警告：如果沒注意到年金利率的計算失誤，可能會帶來各種的危險。保險社最終被拖垮的原因是，保險社向保戶保證的年金利率，高於公司能負擔的金額。

對於迫切需要現金的基督教掌權者來說，要解決教會對放利的排斥問題，就是讓猶太人從事銀行業，然後再從他們的獲利中抽稅，或直接將之沒收。事實上，銀行業是猶太人在中世紀少數能從事的行業之一。不過，不管是過去還是現在，債務人都不是很喜歡這個行業的人。這也是猶太人在英國不斷受到迫害，最終在一二九〇年從英格蘭被驅逐，以及在一四九二年從西班牙被驅逐的原因之一。英格蘭之所以有少數猶太人，是英國軍政領袖克倫威爾在一六五〇年，出於商業考量而容許的結果。接下來的一百五十年裡，猶太人在對他們比較寬容的荷蘭開始繁榮發展，並在追求商業與金融活動的過程中，逐漸回流英國。一七七九年，英國天才精算師岡珀茨[10]就出生在這樣的一個家庭裡。他家的地址是倫敦市貝里街三號，而身為一個注定要改革死亡率研究的人，命運為他選擇的出生地名字真是太適合也不過了。*

岡珀茨是聰明絕頂的數學家，因為他是猶太人，所以不能就讀英國的大學，於是他從小在家學習，接著開始自我教育。十九歲的時候，他已經是投稿到《仕紳數學會刊》的常客；等到年紀再大一點，他便連續十一年在這本雜誌的競賽獎項中勝出。岡珀茨對純數學和天文學有重要的貢獻，但是真的讓他維持生活，並且名留千古的，是他在壽險公司擔任精算師時所使用的數學技巧。精算師的日常工作就是分析與各種風險有關的統計數字，然後用這些統計結果來計算這些風

*譯注：貝里街原文 Bury Street，英語意同「埋葬」。

險應該要支付的保費金額。

壽險代表的是保險上一種特別的風險，因為保戶一定會得到理賠，只是時間問題。從英國政府的經驗得知，算錯的代價非常高昂。而在統計資料中，關鍵的一塊就是死亡率。如果人就像玻璃瓶一樣，每年破掉／死亡的風險是一樣的，也就不需要壽命表了。但是人類以及大部分的動物都會衰老，這代表他們的死亡率會隨著年紀而增加。問題在於，增加多少？岡珀茨發現了這個問題的數學解答，而且因為適用範圍極大，這個規則現在稱為「岡珀茨定律」。

他研究了列出各年齡死亡人數的壽命表，發現大約從二十歲開始，死亡率就會隨著年齡呈指數增加。換句話說，死亡率會以一致的速率加倍。其他的物種也有相同的現象，只是速率不同。人的死亡率大約每八年就倍增。狗的死亡率倍增時間（Mortality Rate Doubling Time，簡稱ＭＲＤＴ）大約是三年，實驗室的大鼠大約是四個月。[11]死亡率倍增時間可以被視為衰老的速度。大鼠的衰老速度比狗快很多，狗又比人類快很多。很有意思的是，每個物種各自的衰老速度似乎大約是一致的。你可能會覺得本來就應該是這樣，因為如同我們在第二章中看到的，物種有自己的壽命。但是如果我們再深入一點想，這個說法又好像有點問題，因為壽命並不是固定的。

我們來看看自己這個物種吧。兩百年前，不管你住在什麼地方，人類從出生到死亡的時間都不到四十年。現在不管你住在哪裡，就算是最貧窮的國家，這個數字都超過四十年。[12]已發展國家的居民壽命愈來愈長，但這其實不是最近才發生的。壽命的穩定增加最早可以追溯到一八四〇年，從那時候開始，人類壽命開始以驚人的速度增加，每年增加將近三個月，相當於每小時增加十五分鐘。[13]最佳的壽命歷史紀錄出現在瑞典，一八四〇年的時候，當地女性是平均壽命長度的最佳紀錄保持人，不過當時的平均壽命只有四十五歲，以今天的標準來說非常低。到了二〇〇九年，瑞典女性的預期壽命已經是八十三歲。[14]

男性的平均壽命比女性短，而這種性別間的差異已經從兩年增加到六年上下。男女壽命的大幅增加在世界各地都看得到，在富裕國家又特別顯著。[15]美國的平均壽命從一九七〇年開始快速增加，而當年度男性的平均死亡年齡是六十七歲；到了二〇〇六年，這個數字達到七十五歲；同期女性的壽命則從七十五歲增加到八十一歲，[16]英國的變化也非常相似。至於在長壽紀錄保持人克蔓特的出生地法國，女性又更長壽了。日本的女性平均壽命現在甚至超過了八十六歲。因為這些年齡都是平均值，所以活得更久的人的數量當然也愈來愈多。不過在本書寫作的當時，還沒有人能以良好的書面紀錄挑戰克蔓特的寶座。

預期壽命顯著增加的首要原因，是嬰兒死亡率的下降，這是衛生條件、產科醫學、公共衛生、疫苗發展、抗生素以及醫療照顧的改善所帶來的結果。再加上生活水準普遍地提升，特別改善了老人的健康狀況；這些原因全部都有助於成人死亡率的降低。在針對長壽的賭注中比較落後的，是抽菸特別盛行的國家。[17]曾經有一個非刻意的大規模人類實驗，展現出繁榮的發展對於平均預期壽命的重要性：那就是一九九〇年代的蘇聯解體事件。經濟上的不穩定以及失業，曾經讓俄國男性的壽命在一九九四年出現每年下滑一歲的現象，到達五十七歲之低。[18] 這樣的改變讓人驚覺，人類數個世紀以來所收穫的成果，可能就此消失。

所以現在我們面對的，就是這個看似正確的說法：如果根據死亡率倍增時間的計算，我們這個物種的衰老速度就是「八年」這個固定的常數，那麼我們的預期壽命怎麼可能在短短兩個世紀裡，就幾乎變成原來的兩倍？人類壽命的增加，是不是代表衰老的速度變慢了？人的壽命的確不斷增加，那衰老會不會就像疾病一樣，逐漸被征服呢？就算沒有我們這樣的證據，但亞里斯多德犀利的腦袋也讓他有類似的疑問。他在一本關於壽命的書裡問：短命只是「不健康」的後果嗎？或者其實壽命長短有天生的限制？岡珀茨法則讓我們可以回答這個問題，並且解決這個關於長壽的悖論。

在岡珀茨法則裡，其實有兩個變數會決定死亡率。除了死亡率倍增時間之外，另外一個就是最初死亡率（initial mortality rate，簡稱IMR），這是以性成熟的時間來測量的。最初死亡率可以想成死亡率的發球線，因為它其實對生命從頭到尾都有影響，而不只是在初期而已。死亡率倍增時間會決定衰老的速度，但是最初死亡率決定了起點在哪裡；所以初始速度愈高，倍增後當然會更高。為了了解這兩個值如何組合起來影響壽命，我們來比較兩種鳥類：小辮鴴與銀鷗，牠們的衰老速度剛好相同，但是最初死亡率卻非常不同。這兩種鳥類的死亡率倍增時間都是六年，但是小辮鴴的最初死亡率是每年百分之二十，但銀鷗只有前者的五十分之一，也就是每年百分之

○．四。雖然這兩種鳥的衰老速度一樣，不過紀錄中最老的野生小辮鴴只有十六歲，可是最老的銀鷗有四十九歲。[19]既然衰老速度一樣，所以牠們的壽命差異必定是因為最初死亡率所造成的。要注意的是，雖然兩種鳥的最初死亡率相差五十倍，但是牠們最長的壽命卻只有三倍的差別（十六年與四十九年）。這是因為死亡率倍增時間（兩者相同）的影響力比最初死亡率大。即使是岡珀茨法則，衰老依舊主宰一切。

小辮鴴和銀鷗的比較指出了一個重點：我們不能輕率地認為人類壽命的增加，是衰老速度變慢的結果。不管是在已發展與發展中國家，死亡率倍增時間都滿一致的，但是最初死亡率卻有很大的差別，而且經歷很多改變。因此，雖然聽起來好像自相矛盾，不過人類壽命雖然在增加，實際上我們卻還是以相同的速度在衰老。這種現象的解釋是，壽命增加是來自最初死亡率的下降，而不是衰老速度的減少。如果我們假設性地把衰老這個因素拿掉，使得死亡率不會在二十歲之後開始增加，那麼人類很容易活得像《聖經》裡的瑪土撒拉一樣久。

可是實際上，壽命的增加是衰老延後發生的結果，衰老並沒有減少。所以我們現在可以回答亞里斯多德的問題，也就是生命的長短是否有天生的限制。衰老的不留情面讓我們知道，除非老化的過程本身可以變慢，否則衰老最終還是會為生命的長度寫下統計學上的限制。但是壽命的延長也暗示了，我們還沒有到達極限。關於人類壽命的科學文獻裡散布著各種預測，但這些預測最終都被證明太悲觀。舉例來說，一九二八年的時候，統計學家都伯琳利用美國的統計資料計算出最理想的預期壽命。她的前提是「以現今的知識為基準，且假設我們的生理組成沒有任何突破性的創新或不切實際的演化改變——老實說，這樣的假設根本多此一舉，因為根本不可能發生。」在這樣的前題下，她預測人類的最長預期壽命是六十四．七五歲。不過都伯琳不知道的是，當時紐西蘭女性的平均壽命就已經比她的預測更高了。[20]她和其他研究者後來不只一次上修了他們的預測，而人類實際上的壽命也每次都衝破他們認為的限制。根據其中一個估計結果，如果維持目前的趨勢，二〇〇〇年後，大部分出生在富裕國家兒童的預期壽命會達到一百歲。[21]

你可能注意到了，老化是詩人常用的主題。詩人瑞德在〈查德．威洛〉這首諷刺詩裡，無意間為壽命的悖論做出了很清楚的摘要與解答。這首詩於一九四一年完成，是以T．S．艾略特為對象的諷刺性仿作：[22]

我們愈老就不會愈年輕
春去春又回，我已五十五
去年此時我才五十四
明年此時我就六十二

這首仿作顯然逗樂了T．S．艾略特。他在〈皮阿飛的情歌〉這首詩裡，也刻意寫出一樣看似愚昧的觀察結果：「我變老……我變老……／我應該穿上褲管捲起來的褲子。」這是因為人類的軀體會隨著年紀而縮消，所以老人如果穿了舊褲子，通常都會被建議把褲管捲起來。至於瑞德過了一個生日就從五十五歲一下跳到六十二歲，要表達的是：隨著時間過去，衰老會讓生理時鐘愈走愈快。某種程度上，在極老的年齡深處，潛藏了一個驚喜。

隨著壽命的增加，愈來愈多的人活到自己的第二個世紀。這些在生存前線的先行者，讓我們能一窺人類迄今尚未探索的極端高壽的領域。跨過百年的界線，另一端傳來的消息比很多人勇於嚮往的還要好。不像提桑納斯會受到年老導致的日益衰弱而苦，很多百歲以上的人瑞都健康得讓人吃驚。舉例來說，丹麥有三分之一的人瑞健康狀況良好，可以自己獨立生活。[23]更令人驚訝的是，在美國，一百一十到一百一十九歲的超級人瑞當中，有百分之四十都健康得可以獨立生活，或者只需要最基本的生活協助就可以。[24]如果你剛好是一隻實驗小鼠，並且被發現屬於特別長壽的一個品系，那你到了非常老的年紀時，也會比你短命的祖先來得健康。[25]解釋起來也很簡單：健康是長壽的關鍵，不管是人類或小鼠都一樣。可是長壽之國裡，還有另外一個真的讓人很驚訝的發現：當你變得很老的時候，衰老就會停止。

估計最老的那些人的死亡率很困難，因為直到最近，符合資格的人都太少了。終於到二〇一〇年的時候，才出現了一份累積了六百個貨真價實的超級人瑞的死亡資料，並揭露了大家長久以來一直懷疑的一件事：這群人的死亡率是固定的。[26]當然，這個年齡的死亡率很高，每年都有百分之五十的人死去，但是死亡率本身並不會隨著每一年過去而增加。我想這個結果對於超級人瑞來說，應該就像是個好消息與壞消息的玩笑：「好消息是，你們不會再變老了；壞消息是，反正你們很快就會死了。」從科學角度來看，這當然是很有意思的一件事，但是背後的意義是什麼呢？因為能供研究的超級人瑞實在太少，所以只能從其他動物身上，而且是一個出人意料的方向找答案。

在距離墨西哥南部與瓜地馬拉的國界僅咫尺之遙的地方有一座工廠，專門生產一種很特別的東西：每周生產五億個地中海實蠅的蛹。地中海實蠅是柑橘類水果的害蟲，但是這間墨西哥工廠裡繁殖的大量實蠅，卻是解決方案的一部分，而不是問題。母實蠅只會交配一次，所以消滅實蠅的策略就是在受到侵擾的區域，放出大量在繁殖所長大、沒有生育能力的公實蠅。當這些公實蠅的數量超過野生實蠅時，母實蠅就會和牠們交配，但不會產生下一代。墨西哥南部的實蠅繁殖工廠的任務，是要避免實蠅往北散布，從墨西哥北部長驅直入美國，而這間工廠也相當成功。[27]使用這裡的實蠅進行老化研究只是順便，因為這裡的實蠅數量多得驚人。

老化研究者追蹤了一百二十萬隻在墨西哥工廠長大的地中海實蠅的命運，這個數量僅僅占當地一天生產的實蠅數量的百分之一，不過對於老化研究來說，已經是非常龐大的樣本數了。就像大部分的昆蟲一樣，實蠅成蟲存活的時間很短。出生七天後，實蠅每日死亡率只有百分之一．二；兩周後，死亡率就會接近百分之十。四十天以後，只剩下四萬五千隻老實蠅，每日死亡率是百分之十二，但接著這個數字開始下滑。九十天後，只剩下一百多隻實蠅還活著，但是每日死亡率下降到百分之五；再過八十二天後，最後一隻實蠅才死去。[28]這樣的結果比後來在超級人瑞身上發現的情況還要驚人，因為實蠅的死亡率不只停頓了，甚至還逆轉：最老實蠅的死亡率居然隨著年齡而下降。乍看之下，可能有人會覺得這些研究顯示，就連衰老最後也會輸給了高齡。但其實還有另外一種解釋。

實蠅跟人類一樣，先死去的都是最脆弱、最不健康的個體。影響健康的許多因素可能區分了那些注定要長壽的，以及注定要早夭的，而性別也是這些因素之一。在人類及很多物種當中，女性都活得比較久，但這不是一定的。舉例來說，公小鼠活得就比母小鼠久。[29]不管個別生存機率背後的差異原因為何，光是有這樣的差異存在，就足以產生整體死亡率下降的表象。[30]這是因為隨著短命的群體死去，死亡率較低的強壯個體就會是僅有的生存者。在這樣的情況下，到底是死亡率真的下降了，還是較低的死亡率一直都存在於某一群個體中，只是因為短命的個體死去而被凸顯了呢？

想像一個類比：有一個浴缸裡漂著相同數量的藍球和黃球，兩種球都會吸水，最後會沉下去讓你看不見，可是藍球吸水的速度比黃球快一點點。我們往後站，看看會怎麼樣。從一個適當的距離來看，藍球和黃球好像混合成了一片綠色，就像電視螢幕上的畫素或報紙上的照片那樣。然後這些球開始「死掉」，浴缸的表面顏色開始改變。因為藍球下沉的速度比黃球快，所以隨著它們漸漸消失在水面下，浴缸的顏色看起來就像是從綠色變成黃色。接近最後的時候，浴缸表面看起來就是一片黃色。發生了什麼事？浴缸裡的東西真的是從綠色變成黃色嗎？還是不同的死亡率，使得原本一直存在的東西變得明顯了？有一半的球是黃色的，但是我們看不見，因為以總人口的層面來說，我們只看到混合後的綠色。

現在讓我們忘記球的顏色，只看球在實驗中沉下去（或是「死掉」）的速度。因為一開始有沉得快和沉得慢的球混合在一起，而只有那些沉得比較慢的球會留到最後，所以平均的下沉速度會隨著接近實驗的尾聲而愈來愈慢。我們該怎麼詮釋這個觀察結果？其中一個方法是相信所有球都一樣（記得我們會忽略它們的顏色），那麼下沉速度的改變就代表這些球在實驗過程中，容易下沉的程度必定發生了變化。另外一個方法，是相信這些球並非全部一樣，它們的死亡率從頭到尾都不是相同的。

除了少數的情況之外，生物族群並非由完全相同的個體所組成。組成群體的個體在各方面都不一樣，而這些差異有很多都會影響健康和死亡率。在這樣的情況下，所有群體的組成最終都會改變，特別是在接近壽命尾聲的時候。原本就容易死亡的個體通常也已經死亡，留下的多是較健康的個體，因此會給人帶來高齡階段的死亡率停滯甚至下滑的印象。但比較可能的解釋是，群體中本來就隱藏著死亡風險的差異性。這是一個很振奮人心的可能性，因為只要我們能找到這些差異所在，我們也許就能知道為什麼有些人就是活得比較久。

讓我們重新回想我們對衰老的發現。衰老是隨著年齡增加，逐漸喪失生理機能的過程。有個笑話是這麼說的，大學裡的老教授永遠都不會退休，他們只是逐漸失能*。在名作《皆大歡喜》裡，莎士比亞藉由憂鬱的旅人杰可士之口，描述人類的七個年齡中最後一個階段，是「返老還童，記憶全失。沒有牙、沒有眼、沒有滋味、什麼也沒有」[31]。衰老的趨勢可以透過它對死亡率的影響看出來。岡珀茨發現，一旦達到性成熟，死亡率就會開始呈指數增加，而人類的死亡率倍增時間大約是八年。雖然富裕國家的預期壽命大約在過去兩百年裡倍增，但是死亡率倍增時間並沒有下降。這個悖論的解釋是，衰老其實並沒有減少，只是被延後到生命比較晚期才發生。[32]我們不知道預期壽命在未來還會不會進一步增加，但是我們可以說這樣的增加也不太可能是因為不會衰老所導致的。衰老確實會在極老的年紀停止，但是那時候的每年死亡率也已經高到沒多少時間可以活。

在人非常老的時候，衰老會開始慢下來或停止，這可能是因為死神已經把那些虛弱的人帶走了，剩下的那些人從出生到現在，就是比一般人還強壯健康。而健康的老年是不是遺傳？基因學在過去二十年裡突飛猛進，使我們現在可以直接看到個體間的基因差異。而這些基因差異，又能讓我們對老化有什麼了解呢？

---

*譯注：原文使用 faculties，同時代表「身體機能」與「教職員」。

4 永恆不滅的　遺傳

多年繼承的特徵
在曲線在聲音在眼睛
無視人類命終
依舊恆常永存——吾人是也
此為人之永恆不滅
死亡無可召喚之物

——哈帝，〈遺傳〉

十九世紀美國醫生暨作家霍姆斯，在當時以發表各類表達個人意見的文章出名，內容形式就像是讀者和作者邊吃早餐邊聊天的感覺。也因為他讓這些早餐讀者感覺非常親切，所以讀者經常會寫信請他給予建議。在他滿八十歲的時候，出了一本叫做《喝杯茶，聊聊天》的書，專門回答這些讀者來函。[1]他似乎暗示，生命只不過是早餐和茶之間的插曲。有人問霍姆斯怎麼能這麼長壽，以及自己要怎麼做才能和他一樣。畢竟即使到了今天，八十歲都還是超過美國男性的平均壽命，所以在一八八九年，活到霍姆斯口中的「三個二十年再加二十年」，真的是很厲害的事。

他寫道：「我的長壽祕訣之一可能會讓你瞠目結舌，那就是：罹患一種致命的疾病。讓十幾個醫生隨意擺布你、做各式各樣的檢查，然後宣判你的病來自於你的體內，他們束手無策，但它必定會漸漸奪去你的生命。」然後呢，霍姆斯的建議是，就當個病懨懨的人，把你的致命疾病當成小寶寶一樣照顧，你就可能會活到八十歲。如果你成功了，你就會發現大部分的朋友都死了；而在你擔心你的健康的時候，生命就從你旁邊經過了。霍姆斯建議最好提早準備：「在出生前幾年……就登廣告找一對都出身長壽家庭的夫妻當你的父母。」

長壽似乎是一種家族遺傳，但是遺傳對此有多重要，又為什麼呢？霍姆斯的兒子小霍姆斯似乎完全遵守了他爸爸的「建議」——如果不把這稱為願望的話。他很有先見之明的選了一對長壽的夫妻當父母，並且扎扎實實活出生命：當美國內戰爆發，他中斷大學學業，自願加入聯邦軍。儘管受了三次傷，小霍姆斯還是活了下來，最後成為最高法院的陪審法官，服務到九十歲高齡。我跟這個故事有點個人的淵源，因為我父親也是律師，他幫我取了和小霍姆斯一樣的中間名，以紀念這位法官。

我也選了個好爸爸，因為我在寫這本書的時候，他已經九十八歲高齡，而且是健康老年的模範。他小時候得過白喉，但成功痊癒；在一九二〇年代中期，疫苗開始被廣泛使用之前，這是一種經常致命的細菌性疾病。後來在二次大戰期間，他還逃過了魚雷攻擊和沉船意外。顯然活到這麼高壽還需要某種程度的運氣，還有我父親堅持的，游泳也幫了他大忙。他現在每周還是會去游泳三次，不過最近倒是不會戴著海軍發給他的錫帽了。

對於那些幸運的生存者來說，基因到底在到達健康老年的過程中扮演了什麼角色？很多研究都想找到這個問題的答案，所以他們比較了長壽者的壽命、健康，當然還有DNA。根據估計，基因對於個體壽命長短的差異，大約有百分之二十五到三十五的決定性，這個數字適用於小鼠、（老化研究者最喜歡的）線蟲、以及人類。[2]

在個體之間，幾乎所有重要的特質差異，都會受到基因以及環境的雙重影響，而要分清楚這兩者各自的影響，就算不會引起爭議，也非常需要技巧。我們知道基因讓人有長壽的潛力，但不會提供一個絕對值，因為事實上我們已經看到，光是因為公共衛生、醫療以及社會繁榮發展，人類的壽命在過去兩百年裡就已經倍增了。在動物身上也是如此，環境因子可以對壽命長短帶來極大的影響。女王蜂在工蜂的照料之下，存活及具繁殖能力的時間可以長達數年，可是這些基因上與女王蜂一模一樣的工蜂，卻只有幾個月的壽命。[3]基因相同的女王蜂與工蜂間不同的命運，是在發展初期就確立了。工蜂只用蜂王漿哺育被挑選出的幼蜂，而蜂王漿是富含蛋白質的分泌物，這些幼蜂會成長為女王蜂候選人；被餵食較少蜂王漿的幼蜂，最後則會變成工蜂。不用說，那些賣蜂王漿的網路商人都會宣稱它抗老化的特色，省略不提你必須是幼蜂才能受惠的事實。他們也沒有提出健康警告：也就是吃太少的話，可能就會讓服用者變成工蜂。

在人類的研究中，研究人員為了估算遺傳對壽命等特徵的貢獻，他們比較了同卵雙胞胎以及非雙胞胎手足間的壽命差異。同卵雙胞胎出自一顆在發育的極初期就分裂的受精卵，又稱為單卵孿生（monozygotic twins），因為他們雖然基因完全相同，卻並不是真的所有地方都一模一樣。

雙胞胎通常在同一個家庭長大，所以他們成長的環境相同，基因也一樣。因此很難分辨同卵雙胞胎的哪些特徵是因為環境造成，哪些是因為基因造成，或者哪些是兩者合併的結果。還好有一個方法能避免這樣的問題，就是比較同卵雙胞胎與異卵雙胞胎，又稱雙卵孿生（dizygotic twins）。雖然異卵雙胞胎也是一起出生一起長大，但和同卵雙胞胎不同的是，他們的基因並非完全一樣。雙胞胎研究顯示，基因對老化和長壽的影響，並不像數字上的「最多到百分之三十五」聽起來那樣簡單明瞭。舉例來說，如果你的同卵雙胞胎手足被診斷出阿茲海默症，那麼你被診斷出相同疾病的機率，會比同情況的異卵雙胞胎高兩到三倍。雖然觀察結果顯示，罹患阿茲海默症的風險，很大程度地受到你的基因影響，但是以同卵雙胞胎而言，兩人發病的年齡有可能會相差數年，也有人可能完全逃過一劫，顯示非遺傳的影響也很重要。但是有一個例外，就是罕見的早發型阿茲海默症（占總發病情況的百分之五）。患者只要有一種特定的基因缺陷出現，就無可避免地會在六十歲之前發病。[4]

如果我們是穿著實驗衣的大鼠（褐鼠），而我們想要用人類當作研究老化的模型，那智人就是很好的實驗受試者，特別是那些住在北歐國家的人（挪威智人），因為那裡的人很健康，也有良好的紀錄。在丹麥、芬蘭及瑞典，有從一八七〇年到一九一〇年堪稱完美的雙胞胎樣本紀錄，可以用來研究家族歷史對於兩萬零五百零二人的死亡年齡的影響。[5]以六十歲以前死亡的雙胞胎個體而言，不論是同卵或異卵雙胞胎，活下來的人的壽命和死去手足的壽命並沒有任何相關性。換句話說，共同的基因並不會影響六十歲之前的死亡，在這個年齡之前，環境因素對壽命的影響都凌駕於其他因素之上。但是過了六十歲以後，雙胞胎的死亡年齡就出現了相關性，顯示共同基因的影響會隨著年紀變大愈來愈強。這種一般性的趨勢不論男女都適用，不過女性平均而言還是比男性長壽。

想想看第三章裡講到，衰老的速度會在人類與其他物種的極年長群體中變慢，這種模式的可能解釋是，人口事實上是由多個衰老速度不同的群體所組成。北歐雙胞胎的研究也為這個觀念背書，因為這項研究也顯示較長壽的人在基因上有點不同。那麼，對長壽有利的基因也會在比較年輕的時候發揮作用嗎？答案也許是否定的，因為北歐研究顯示，在六十歲以下看不到遺傳對長壽的影響力。但是這也許只是因為，不論死因為何，六十歲以下的死亡數就是比較低，因此掩蓋了遺傳對壽命的影響。要找到答案的方法之一，就是比較父母超過九十歲的中年人，以及父母在九十歲以前就過世的中年人的健康情況。針對人瑞與超級人瑞的中年子女的這類研究，確實顯示這些後代比一般人更健康；但這可能只是因為他們從小被教導要過著能讓父母長壽的那種健康生活方式，而這說不定跟遺傳一點關係也沒有。不過荷蘭萊登的一項研究找到了測試這件事的方法。[6]

「萊登長壽研究」追蹤了手足中有兩個以上活到九十歲的家庭，將他們的死亡率、健康狀況，以及中年子女的健康，與隨機挑選的九十歲以上長者及其子女相比較。一個家庭裡有一名九十歲長者，可能只是因為機率所造成；但是兩個以上的手足都活到這個年紀，要說全部都只是因為機率而沒有基因的因素，可能性就低了許多。而這項研究也證實，擁有九十多歲手足，其家庭成員的死亡率比隨機挑選的九十歲長者家庭成員的死亡率低了百分之四十，顯示基因確實會使同一個家庭的手足都有長壽的傾向。除此之外，他們的父母與後代的死亡率也比一般人低。[7]

接下來，研究比較了父母具基因優勢的子女與他們伴侶的健康狀況，藉此了解遺傳的健康是否會在子女的中年時期顯著表現出來。這樣的比較邏輯是，伴侶有共同的生活方式與環境，但是不太可能兩個都是出身長壽的家庭。所以如果家庭裡有九十歲以上的長者是有良好健康遺傳的徵兆，那麼應該也會在這樣的比較中表現出來。子女與其伴侶間的差異相對來說很小，但九十歲長者的子女，中年時期的健康情況確實如預期中的較佳，他們罹患心臟病、高血壓、糖尿病的風險和伴侶相比，確實比較低。[8]另外一項研究也得到了類似的結論：如果一個家庭的成員一生的健康狀況都優於一般平均值，特別長壽的人也會集中在這樣的家庭裡。

這些研究告訴我們，人類必定擁有傾向長壽的基因；要活到九十歲以上不會只是靠運氣或是環境，不過這兩者也很重要。那麼，長壽基因是什麼呢？這個問題正是目前老年學的研究方向，因為至少就理論上來說，基因就像是開關，只要扳一下，就能從比較不佳的狀態，進入比較好的狀態，讓那些無緣繼承這些基因的人，也能擁有更好的健康與長壽帶來的好處。但是在你扳對開關之前，你必須先在遺傳迴路的迷宮裡找到這個開關。

最早發現的長壽基因是在一種非常小型的線蟲身上找到的，牠叫做秀麗隱桿線蟲，學名比牠的身體還要長三十倍：*Caenorhabditis elegans*（簡稱隱桿線蟲）。這種小生物身長大約只有〇．八毫米，是老人病學裡的科學怪人，牠們的生命就像童謠裡唱得那麼短暫：「星期一猴子穿新衣，星期二猴子肚子餓，星期三猴子去爬山，星期四猴子去考試，星期五猴子去跳舞，星期六猴子去打獵，星期天猴子上西天。」而我們對於野生隱桿線蟲生態的了解，也沒有比我們對於科學怪人的短暫人生了解更多。這種線蟲活在土壤裡，吃的是細菌，但是我們不知道牠們偏好哪一種細菌。牠們大部分都是雌雄同體，同時具有雄性與雌性的生殖器官。如果缺少食物，或是環境中隱桿線蟲的數量過多，那麼年輕的線蟲就會進入暫停發展的階段，稱為「耐受期」。就像是植物的種子一樣，進入耐受期的線蟲很適合散布到各地，也能忍受各種條件。耐受期是生活在土壤中的無脊椎動物很常見的狀態，蝸牛、蛞蝓、蟎、馬陸都會這樣，[9]而且也只有這樣而已。如果有隱桿線蟲的訃文出現在《蟲蟲日報》上，[10]也沒什麼好說的——除非你對牠的遺傳有興趣，那就是了。不過關於遺傳，那可就有說不完的故事了。

隱桿線蟲在土裡的壽命一般只有幾天而已。因為牠們不需要尋找並追求配偶，也不用照顧自己的家庭，所以這種雌雄同體的蟲，星期一才出生，在猴子去爬山的星期三就成為幾百個小孩的單親父母。[11]不過這些線蟲在實驗室的培養皿裡可以活比較久。在這個受到保護的環境裡，牠們可以活三個禮拜，並且在實驗中繁殖。一九八〇年代，利用突變型線蟲的繁殖實驗成功增加了牠們的壽命，除了展現遺傳的影響，也顯示的確有影響生命長度的基因存在。加州大學河濱分校的強森和費德曼發現了第一個長壽基因，[12]他們稱之為「*age-1*」。有這個基因的線蟲平均壽命增加了百分之六十五之多，主要是因為死亡率倍增時間增加及衰老速度減慢。[13] *age-1* 基因出現在三隻長壽的突變型身上，使得強森認為這是這種線蟲唯一的長壽基因，但後來情況卻變得愈來愈複雜。

當實驗室裡的線蟲變老，通常就會淹沒在快速增生的後代之中，但是另一位隱桿線蟲老化基因研究領域的頂尖科學家玎詠，卻特別描述她在一九八〇年代早期的某一天，第一次看見一隻老化的線蟲的情況：

> 我把最沒有生殖力的突變線蟲留在培養皿裡，在培養箱裡放幾個禮拜，接著再去觀察。因為牠們產生的後代極少，所以就很容易可以找到原本的那隻，結果我很驚訝地發現，牠們看起來很老。所謂「蟲變老」這樣的概念讓我大為震撼。我坐在那裡，有點替牠們

難過。接著我想，到底有沒有基因是控制老化的，而且該怎麼找到它們呢？[14]

這在科學上是很常見的，一次偶然的觀察所引發的好奇心，最終導致新的發現。當珂詠帶領她的團隊開始篩檢特別長壽的突變隱桿線蟲時，她們很快就發現一個帶有 *daf-2* 基因突變的品系，這個品系的線蟲，壽命是一般線蟲的兩倍以上。人類一直都知道這個基因會在少年發展時期影響耐受期的形成，但是現在看來，這個基因對於成蟲存活的耐受能力增加也有影響。研究團隊接著發現另外一個與耐受期的形成有關的基因，稱為 *daf-16*，這個基因也和壽命的延長有關。在正常、未突變的情況下，*daf-2* 會抑制 *daf-16*，此時線蟲的生命長度就是正常的。而 *daf-2* 基因突變時，會無法抑制 *daf-16* 的啟動，因此這個基因的開關被打開，延長了線蟲的壽命。[15] 接著研究人員也發現，*age-1* 這個基因也會透過對 *daf-16* 的作用而影響生命長度。

基因是同心協力運作的，不是各自行事。在房間角落的那個電燈開關，是整體迴路的一部分，只有和電源與燈泡連結在一起時才會發揮作用。同樣的，讓生命長度從正常變成兩倍的基因，也必須和某些負責這種改變的機制相連，才會發揮作用。找到第一個開關很重要，因為這證明了必定有一個延長生命的機制存在。在那之前，生物學家就像一直住在一間暗無天日的房間裡，無法想像「光」是什麼，一如他們難以理解有一個能操縱生命長度的開關存在。一般的觀念是，生物只是消磨殆盡了。因此發現有一個可以延長生命的開關基因，可以說是照亮了一切。

一旦找到這個開關，最大的疑問就是：「這個開關控制的是什麼機制？」雖然把基因想成開關會很容易理解，但是它們其實不只是開關而已。就像是電力的開關處於迴路之中，基因在通道裡也有一個自己的位置；而且也和電力開關一樣，基因會有通路也會有斷路。不過生物化學通道裡的連結是由分子所形成的，不是由傳導電子迴路的電線所鍛造。這些分子會直接或間接由基因所產生，所以檢視一個基因的ＤＮＡ序列，就能知道這個基因製造出哪個分子。因此，透過觀察電子開關的結構，雖然無法讓你了解它所控制的迴路，但是觀察基因的ＤＮＡ序列是可以讓你知道很多事的。所以當*daf-2*基因在一九九七年被解碼之後，立刻又出現了一個驚奇。

科學家發現*daf-2*基因的ＤＮＡ序列是一組開關，是被線蟲版本的胰島素所啟動。[16]後續的研究很快發現，在酵母菌、果蠅、小鼠身上，都有與胰島素訊息傳遞相同的路徑（胰島素→*daf-2*→*daf-16*），並藉由抑制*daf-2*基因，讓這些物種的生命延長。[17]演化顯然在十億年前就製造了一條延長生命的路徑，並且至今都將這條路徑保留在真核生物體內。這條路徑的保留勢必代表它具有重要的功能，但那是什麼呢？這條路徑的主要功能不可能只是延長生命而已，因為如果這必然是一項優勢，那麼*daf-2*的自然變異帶來的壽命延長，將會變成一種常態。

患有糖尿病的人都知道胰島素以及其控制血液裡的葡萄糖（血糖）濃度時所扮演的功能。葡萄糖是細胞運作需要的循環燃料，但是如果血糖濃度過高，就像你的車子引擎漏油一樣會有危險。第一型糖尿病是因為胰腺分泌的胰島素不足所導致，固定的治療法就是定期注射胰島素，以降低血糖濃度。第二型糖尿病是因為以葡萄糖為能量的細胞開始對胰島素不敏感，因此吸收了太多葡萄糖；這類細胞包括脂肪細胞、肌肉細胞，以及肝臟細胞。第二型糖尿病通常與過胖有關，一般透過增加運動與改變飲食就可以改善。不過還是有少數的第二型糖尿病患者，是因為由胰島素啟動的基因發生了突變所造成。這種胰島素受體基因就是人類版本的 *daf-2*。儘管十億年的演化讓線蟲與哺乳類分道揚鑣，也讓兩者與共同祖先變得天差地遠，但是線蟲身上的 *daf-2* 基因裡具有功能的部分，和人類的胰島素受體相對應的基因編碼，還是有百分之七十的相似度，不過這些基因的功能已經有很大的差異。[18]

隱桿線蟲胰島素訊息傳遞路徑的功能，是我們了解它在動物身上扮演的一般角色的有力線索。在自然、沒有突變的「野生型」狀態下，胰島素訊息傳遞路徑決定了幼蟲會不會照著直接的過程發育，也就是從小的幼蟲型態，經歷數個中間階段，最後成蟲；或者幼蟲會進入「耐受期」的發展停滯狀態。在耐受期的幼蟲不能進食，但在繼續發展成成蟲之前，可以持續存活很長一段時間。線蟲頭部與尾部的感覺器官，可以偵測到糧食缺少與數量過多的情況，繼而啟動耐受期。由於這些感覺失能的突變型線蟲壽命特別長，而且有極大的傾向進入耐受期，因此證明了這些感覺器官所扮演的角色。[19]

所以，隱桿線蟲胰島素訊息傳遞路徑的功能，就是利用關於環境條件的感覺資訊，引導發展走向最適當的路線。在糧食充足的良好條件下，線蟲就會繁殖，並在繁殖後快速死亡；但如果條件不好，牠們就會進入耐受期，等著條件改善的一天出現。而如果引發耐受期的基因也出現突變，也許剛好也會延長線蟲的壽命。這到底是怎麼發生的還沒有人知道，但是影響胰島素訊息傳遞的突變，在酵母菌、蠕蟲、蒼蠅還有小鼠身上，都會有類似的延長生命的效果；這些生物的突變個體都比較不會受到癌症等各種老化傷害的影響。[20]

很奇異的是，胰島素訊息傳遞路徑的突變，雖然可以延長各物種的壽命，但也正是引發糖尿病的原因，因此對於人類的壽命仍有危害。我們還不是很清楚為什麼會這樣，但是可能的解釋是，胰島素的訊息傳遞有一個最佳值，而隨著物種不同，甚至體內組織不同，這個正確值也有所不同。[21]每一個生物的每一個基因都是成對的，分別來自父親與母親（就連隱桿線蟲這種能自體繁殖的雌雄同體生物也是一樣；牠們還是有父親母親，只是處於同一個身體內）。就算對於只要一個 *daf-2* 基因出現突變就能延長生命的隱桿線蟲來說，如果這個基因是成對地出現突變，也會危及牠們的生命。此外，哺乳類的胰島素訊息傳遞路徑比較複雜，因為還涉及到其他會被胰島素或類似胰島素的激素所啟動的基因，不是只有在線蟲和蒼蠅身上發現的那一個基因而已。在人類身上，這類基因的其中之一會被一種名為「似胰島素生長因子」（IGF-1）的激素所啟動。如果由 IGF-1 開關的這對基因其中一條序列因為突變而無法作用，則與人類和小鼠的壽命延長有關。[22]這個觀察結果顯示，與營養（葡萄糖）及成長的激素調節有關的基因，可以延長所有物種的生命，包括人類在內。

還有一個基因會對可利用的營養與能源做出反應，而且對於調節生命長短的重要性幾乎適用於萬物：就是製造名為「雷帕黴素作用標的」（target of rapamycin，簡稱TOR）蛋白質的基因。這個蛋白質之所以名字這麼奇怪，是和它的演化歷史有關。雷帕黴素是一種由細菌所製造的抗真菌複合物，這種細菌來自地球上一座偏僻島嶼上的土壤：復活節島。雷帕黴素是微生物為了殲滅彼此的化學武器之一，但事情常有意料之外的發展，像盤尼西林這種抗生素，就是由真菌類所製造出來的抗菌複合物。在細菌與真菌的微型世界戰爭中，這些複合物武器經常都能針對敵人的致命傷攻擊。所以當我們把雷帕黴素加入屬於真菌類的酵母菌實驗菌叢，不意外的，大部分的細胞都中毒了。但令人意外的是，有少數的細胞沒有受到感染。這些能抵擋雷帕黴素毒性的酵母菌細胞，體內製造「雷帕黴素作用標的」的基因都出現突變。這種基因後來被發現具有關鍵的功能，不只適用於細菌與酵母菌這種單細胞生物，對於植物、蠕蟲、蒼蠅，還有哺乳類在內的多細胞生物也是一樣。

從我們的後見之明知道，儘管這種蛋白質的發現過程如此曲折離奇，TOR可能還是極端重要的，因為它是微生物戰爭中的目標，而在這種戰爭中，武器所選擇攻擊的自然都是致命傷。我們也可以看到，多細胞生物內也很可能有這個東西，因為執行這些關鍵功能的路徑已經被演化保留下來了。可是 *TOR* 基因到底有什麼關鍵、並且適用於萬物的功能？答案是這個基因控制了細胞大小的生長。細胞的大小，會根據是否可取得胺基酸之類的原料，以及是否有 IGF-1 這種傳遞訊息的分子存在而決定。[23]

所以 *TOR* 也是負責細胞生長及維持細胞這兩者間的平衡的另一個重要基因，就像胰島素訊息傳遞路徑一樣，只要控制酵母菌、蠕蟲、蒼蠅和小鼠等實驗室常客的這種基因，也可以改變牠們生命的長短。以雷帕黴素餵食六百天大的小鼠的實驗顯示，牠們的壽命會因此增加約百分之十，[24]相當於讓五十歲的人類增加五年的預期壽命。雷帕黴素對ＴＯＲ蛋白質造成的影響，似乎代表它可以逆轉老化所帶來的某些有害影響。目前最顯著的證據來自利用罕見遺傳疾病早衰症患者身上的細胞所做的實驗。

早衰症發生的機率大約是四百萬分之一，病因為某一個特定基因的突變。患病的新生兒出生時看起來一切正常，但接著會出現生長遲緩的情況，然後開始掉髮、皮膚出現皺紋，並出現心血管硬化（動脈硬化症）等一般是六十歲以上的人才會出現的症狀。罹患早衰症的兒童通常只能活到十三歲，大部分都死於心臟病發或中風。儘管早衰症的症狀和老化有顯著的相似性，但是這不只是一個加速正常老化過程的疾病。首先，早衰症是單一基因突變所造成的，但與正常老化有關的基因其實有數百個。[25]可是目前已經發現，雷帕黴素可以逆轉早衰症患者的細胞缺陷。[26]這項發現帶來的希望不只是治療這個可怕的疾病，也許還讓人看到一條道路，可以改善正常細胞老化所帶來的影響。[27]可惜雷帕黴素本身並不適合用於抗老藥物，因為它會抑制免疫系統，一般都用於器官移植。

經過許多實驗室的實驗，目前已知有很多基因會影響壽命，但是它們對人類是否具重要性，有的話又有多重要，至今還是不明。其中一個似乎對人類有重要影響的基因，稱為載脂蛋白E（*APOE*）。這個基因對於身體如何處理低密度膽固醇與脂肪非常關鍵，至少有七種變體，也就是七種對偶基因，對於與老化有關的各種疾病以及壽命各有不同的影響。歐洲人當中三個常見的*APOE* 對偶基因各是 ε2、ε3，以及 ε4，ε的發音為希臘字母的 e（epsilon）。和有其他對偶基因的人相比，帶有兩個 ε4 基因的人罹患心血管疾病（心臟病發）和死亡的風險比較高。[28] 不過，對偶基因組合是 ε3/ε4 的人，比較不會罹患癌症，這平衡了他們死於心臟病的額外風險。[29]

就像老霍姆斯的建議那樣，選擇長壽的父母可以給你長壽的基因，但還好這不是長壽的唯一方法。富蘭克林（1706-1790）推薦一個比較實際的方法：吃少一點。這個建議的基礎，來自十六世紀的義大利創業家寇納羅的個人故事。寇納羅年紀輕輕就賺了大錢，然後用他大把的財富開始盡情享樂、自我放縱。他到三十五歲時絕對已經是個超級胖子，而且當然出現了現今所謂第二型糖尿病的症狀。寇納羅的醫師告訴他，如果他不徹底改變自己的生活方式，那他只剩下不到一年可活。於是寇納羅立刻改變自己的飲食習慣，以「永遠不要吃飽」作為用餐準則，永遠都在自己的食欲滿足之前就離開餐桌。寇納羅後來寫了《清醒生活的論述》這本小書[30]來提倡他的生活方式，並且在書中表示，當他一改變飲食習慣，立刻感覺舒服多了。不到一年，他就完全康復，並且達到健康的顛峰狀態。他的主食是低卡路里的湯，也就是現在義大利料理中的濃湯，再加上一天兩杯紅酒。這樣的飲食一天大約提供他一千五百到一千七百大卡，[31]遠少於現在建議的每人每天應攝取的兩千大卡。以現代的觀點來看，我們認為寇納羅做的就是生物學家所謂的膳食控制，只攝取營養不良邊緣的飲食。

寇納羅活到了八十三歲高齡，是他所生活的時代平均預期壽命的兩倍多。他的書被翻譯成不同語言，最後跨越了大西洋，一七九三年在美國出版，書中還附了由富蘭克林所寫的一篇健康論，以及華盛頓總統的吹捧推薦文。[32]他並不是發現吃得少對健康有益的那個人，畢竟他只是遵照醫生的指示，只是他比我們大多數人還要投入並且嚴格，顯然為所謂的**清醒生活**建立了一個模範。事實證明，這樣的飲食治癒了寇納羅的糖尿病，也當然會大幅降低他的血糖與胰島素。

現在也有一些人遵守寇納羅的模範，以同樣驚人的決心限制自己的飲食。其中有些人也成為研究的對象，但是目前還是無法判斷，這種有別於防止體重增加的極端限制卡路里的飲食，是不是能延長人類的生命。極端限制卡路里也會有副作用。執行這種飲食的人會一直覺得冷，而這是可以理解的，因為他們缺乏能量；另外，他們的性欲也很低，[33]會出現近似於隱桿線蟲進入耐受期狀態的奇怪症狀。我個人同意伍迪．艾倫的說法：「只要你放棄所有讓你想活到一百歲的東西，你就能活到一百歲。」[34]在老年病學的實驗中，這種卡路里膳食控制確實會大幅延長老年學家最愛用的酵母菌、隱桿線蟲、果蠅以及大鼠等物種的壽命，但是針對猴子的兩項研究卻產生了互相矛盾的結果。[35]現在我們還不清楚哪個和膳食控制相連的基因路徑是和長壽有關的，而且不同物種的這類路徑似乎也有差異。即使如此，最常見的嫌疑犯通常也是最後的目標：胰島素以及類胰島素激素的訊息傳遞。[36]

我現在想要召喚我內在的霍姆斯家族特色，並且提出他會說的那種建議：當老霍姆斯在波士頓貝肯街的名流住宅裡，拿著茶杯建議所有想活到八十歲以上的人，都應該「登廣告找一對出身長壽家庭的夫妻當你的父母」時，他說得還太客氣了呢。你最好找兩個都來自松柏科家族的父母，這樣你就能活四千多年了。像是有名的加州針毬松這類的植物，就是長壽的終極代表。事實上，你可能還會懷疑：它們到底會不會衰老呢？

5 蒼綠年歲　植物

這力量由綠色枝枒傳導，使花朵綻放
帶來我蒼綠的年歲；使樹根枯萎的力量
是毀滅我的力量
我無法告訴那折腰的玫瑰
我的青春也因同樣的酷寒灼熱折腰

——湯瑪斯（一九三四）

英國詩人湯瑪斯，試著在他的作品中組合甚至碰撞各種主題的形象，好讓讀者看見它們之間的關係。在他寫給另外一位詩人的信中，他提到：「用你的文字與意象，表現出**你的**血肉如何覆蓋樹木，樹木的血肉如何覆蓋你。」[1]雖然科學也想找到大自然底層的一致性，但對於萬物的相異性也同樣保持警覺。只有靠著小說家的想像力，以及瘋狂執著於健康的人的一廂情願，偏遠的高山峽谷間才會隱藏一個人類長壽的天堂。但是人類幻想的香格里拉，對於植物來說卻是真實的現實。想尋找長壽神木的植物學家，都可以長途跋涉，登上加州的白山高峰，向古老樹林中，名叫「瑪土撒拉」和「族長」的兩棵針毬松致敬。最古老的活針毬松曾高達四千七百八十九歲高齡，這是在上個世紀中期，取出樹幹中心計算年輪所得出的數字。在內華達州還有一棵更老的針毬松，當初為了砍這棵樹取得計算年輪的核心時，兩個太熱切的學生還弄壞了手裡的工具。[2]

北美洲大部分的神木都在西部，但有一個很厲害的例外。有一棵美國側柏（俗名 eastern white cedar，有「東方」之意）悄悄地在一般的森林中生長，這種樹壽命比較短，大約八十年就會成熟；但是沿著加拿大安大略省的尼加拉峭壁垂直往下，有很多美國側柏的多節標本，當中就有一棵一千八百歲的美國側柏。[3]生長在高聳岩縫裡的樹木不僅要面臨嚴苛的乾旱、缺乏養分的貧瘠土壤，還有像是無情的盆栽師傅的冰瀑與落石侵襲，切斷它的樹根與樹枝，讓側柏的時間緩慢得彷彿停滯了下來。狂風在貧瘠一片的岩壁上呼嘯而過，這棵美國側柏的生命如崖上的岩石般搖搖欲墜，彷彿幽幽地說著寇納羅的名句：「吃得少，活得久。」

生長緩慢與長壽間顯然似乎有著一般性的關連。能在北大西洋的冰水中活將近五百年的雙殼綱，生長的速度既堅定且緩慢。注意年紀的古針毬松，在嚴酷的氣候之下葉片稀少、樹幹風化、樹枝曲折，也生長得很慢。雙殼綱的貝類與針毬松這些生物的相似處在於，它們的生長是無限的：不論長得多慢，它們生長的能力從來不曾停止。

無限生長（indeterminate growth）在動物身上很少見，只有某些魚類、龍蝦、珊瑚和軟體動物等海洋生物才有，但幾乎所有植物都有這種現象。植物和珊瑚之所以能無限生長，是因為它們的構造特殊：它們都是由一系列相連的模組所組成的，在植物裡，這些模組就是幼芽，在珊瑚裡，就是非生殖體的個蟲（zooid）。每一個模組都可以長出另外的模組，增加植物或珊瑚的體型，取代死去的部分。因此，活在深海裡的最古老的珊瑚可以有好幾千歲。[4]

顯然亞里斯多德一定了解無限生長的重要性，因為他曾寫下：植物的長壽是因為它們有能自我更新的能力。但是古希臘哲學家不可能知道植物怎麼能做到這件事。而且這麼說可能很奇怪，不過樹的主要部分是死的。在樹幹裡，只有最接近樹皮的那一層，也就是最外面那層的細胞是活的。樹皮下面那一層是韌皮部，負責將葉片製造的醣輸送到根部。在韌皮部下面是由分裂的細胞形成的形成層。這些分裂的細胞向外負責製造韌皮部，向內製造木質部。木質部細胞主要在死後才能執行它們的功能：細胞死去後會形成末端相連的空心導管，透過這些連續的水管，水分可以從根部送到葉片，以及樹木所有的活部位。

形成層的細胞分裂速度靠老天爺決定，會隨著季節與年份有所不同。在氣候溫和的區域，形成層的細胞分裂在春天會最活躍，製造出大直徑的導管。隨著時間過去，氣溫開始下降，水分開始變得稀少，新生成的木質部導管就會變得愈來愈窄，直到冬天就停止生長。接著春回大地，整個循環又會再度重複。在一年的尾聲生成的窄導管與隔年春天生成的粗導管並排之下，形成了從樹幹橫切面可以看到的顯著年輪。一圈年輪就代表樹所經歷的一年。

你只要到加州山間的植物香格里拉，就能看見古老大樹在漫長生命中曾經忍受季節更迭所留下的痕跡。舉例來說，在紅杉國家公園的樹林裡，可以看到一棵叫做「薛曼將軍」的巨型紅杉。這座薛曼樹林既是吵雜的度假地點，也是神聖的朝聖地點。喧鬧的遊客和充滿敬畏之心的自然愛好者，競相在這棵巨樹前拍照。這棵兩千歲的神木矗立在那裡，重量相當於六架巨無霸噴射機。這就像是一個奇蹟：它原本只是一小粒種子，不過一粒米重。

這棵樹在十九世紀被巧妙地取了「薛曼將軍」這個名字，避免伐木工人砍倒這棵樹。它就像聳立在宙斯神殿裡的巨型笛狀柱，從它的根部往上，幾乎沒有一點縮減的跡象，整根圓柱高達六十公尺，在上方展開成一頂枯萎的王冠，再也無法長得更高了。它的樹幹直到中間才長出樹枝，這些樹枝在半空中形成了一片濃密森林，樹枝伸出的嫩芽彷彿屬於另一棵樹，但它們從原本的樹幹吸取足夠的養分，每年都擴大圓周範圍；光是這些樹枝的木頭就足以再形成一棵大橡樹了。

巨型紅杉長壽的祕密是什麼呢？它們並不是因為兩三千年的壽命而榮登長壽寶座，而是因為沒有別的東西能在奪去其他生物生命的事件中，存活兩千年之久。在周遭的森林裡，也有種種隨處可見的死亡跡象：地上散落著只活了幾百年就死去的樹木樹幹，在這些樹幹之間有許多小型植物，它們從發芽、開花、播種到死去，過程不到一年的時間。美洲黑熊會用強壯的爪子，撕裂腐化後掉落的樹幹，抓甲蟲的幼蟲來吃；牠們雖然是沒有天敵的大型野獸，但幸運的話也不過只能活五十年而已。我們人類在自然狀態下只比牠好一點，獵人與採集者大約可以活到七十歲。[5]

紅杉身上也有與死亡戰鬥所留下的傷疤。薛曼將軍和周圍一樣古老的同袍身上，都有烈火撕裂樹皮形成的巨大三角形缺口。幾乎每棵巨型紅杉在一層或兩層樓高的基底部，都有這些焦黑的楔形印記，深入它們粗厚的樹皮，直達接近心材的邊材位置。這些傷疤證明它們不只能承受火的考驗，而且還贏得了勝利。紅杉的樹皮不只強韌，而且還防火。

古針毬松外表又更老了，枯萎得更嚴重，而且在漫長的生命中受到更嚴峻的考驗。這些神木會不會衰老呢？如果我們像研究壽命短的物種一樣，用死亡率隨著年紀增加當作衰老的標記，那麼能用來回答這個問題的樹的數量就太少了。但是我們能把目標放在生命功能的損傷。而令人驚訝的是，比較數千歲的針毬松神木和只有幾十歲的針毬松時，你會發現兩者除了形成層的生長一樣活躍，新芽生長的速度也不分軒輊。甚至神木的花粉與種子都和年輕的樹木一樣具有繁殖力。[6]針毬松神木多節與彎曲的樹枝，讓人誤以為它們已經老朽，但是它們所在的林線區域最近受氣候暖化影響，反而讓這些神木的生長達到三千七百年以來最快的速度。[7]

所有長壽的樹木都是針葉樹，但是全世界只有六百二十七種針葉樹。[8]這個數字算低，而且滿精準的，不過可能會隨著人類默默發現新的物種而增加：例如一九九四年才在澳洲雪梨附近一座峽谷中發現的瓦勒邁杉（又名恐龍杉）。儘管如此，在計算物種方面，這個數字還是很精準的了。相對來說，種子植物中另外一個主要族群是被子植物，也稱為開花植物，這類植物的數量根本數不清，我們還不知道究竟有多少種開花植物，而且可能永遠也不會知道。根據估計，世界上大約有三十萬種被子植物，其中大約有六萬種是樹，分散在各種不同的植物家族中。[9]

大部分被子植物的樹種都活在熱帶森林中。如果有人要描述一座熱帶森林，特別是在第一次接觸的時候，他們腦海中蹦出來的形容詞應該會是「原始」。這樣的描述是一種自然反應，因為你看到的是在濃密的大樹覆蓋下，幾乎不見天日的一片黑。可是不論熱帶森林本身有多古老，這些樹本身到底幾歲呢？用年輪判斷溫帶樹木的年齡很容易，但是因為在熱帶沒有寒冬，沒有固定的季節讓樹木停止生長，所以長久以來我們都認為熱帶樹木是沒有年輪的。不過這樣的假設其實過於簡單。雖然它們可能沒有溫帶樹木那樣顯著的生長變化，但是熱帶樹木並不是整年都以相同的速度生長。大部分熱帶地方的氣候都有季節變化，不過主要是降雨而非氣溫的改變。這些季節變化會影響樹木的生長，在熱帶樹木的木頭裡留下蛛絲馬跡。因此，藉由重複調查做過記號的樹以及放射碳定年，可以精確測量樹幹的生長，再與木頭中的生長變化比較，所以現在我們知道了很多熱帶樹木的年齡。[10]而這些結果也在負責計算熱帶樹木的群體之中，引發了極大的風波。

一九九八年有一項研究主題是估算在亞馬遜中部因伐木特許權而減少的樹木之年齡。根據估計，這些樹木中最巨大的是叫做卡林玉蕊木的一種樹（*Cariniana micrantha*，又稱猴果樹），屬於巴西胡桃家族，年齡至少有一千四百歲。[11]在這裡，最古老樹木的直徑平均生長速度一年只有〇．八毫米，而兩百歲的同種樹的生長速度，是這個數字的六倍。這些結果第一次發表時引發了一些騷動，因為熱帶森林向來以高度活躍著稱，樹木因為暴風及其他原因死亡的比例很高，整座森林每隔四百年左右就會改頭換面。[12]因此，怎麼可能會有樹比森林活得還要久？有些成長非常快速的熱帶樹木壽命只有數十年，根本沒有數百年。然而，證據顯示在亞馬遜雨林以及其他熱帶地區，確實有千年神木存在，[13]而且也已經證實這裡最古老的樹木，就是那些生長得最緩慢的樹木。[14]這些巨大的神木木質密度高，似乎可以在使森林裡其他植物倒下的氣候變化中生存下來。不過就我們目前所知，這裡沒有任何一棵樹比得上紅杉或是針毬松的高齡。

那麼壽命短的樹木會衰老嗎？當然，沒有活到高齡的樹木一定是以某種方式縮短了生命。還好我們有壽命短的植物的死亡率資料。這類植物也包括樹木，而其中有一些衰老的速度顯然會隨著年齡而增加，像是墨西哥星果棕櫚樹。[15]我自己在紐約上州的阿第倫達克研究了另外一個明顯的例子：白面山上的拔爾薩姆冷杉會突如其來地死亡。山上的樹長到八十歲時，寒冷嚴酷的冬季強風會使它們的樹葉死去，因此這些最高、最老的冷杉會大批直挺挺地死去。[16]雖然這是因為環境導致死亡的極端例子，但是針葉樹以及其他樹木也經常會因為年齡而失去枝幹，樹冠也會變得非常稀疏，就像把一側的頭髮往中間梳，也遮不住地中海禿頭的人的頭髮一樣。這樣的樹是衰老了嗎？或者就像是針毬松一樣，只有表面老朽而已？

為了找到這個問題的答案，研究者實驗性地把嫩芽從神木的頂端取下，嫁接在年輕的樹上。結果不管是針葉樹或是闊葉樹，來自神木的嫩芽嫁接到年輕的樹上後，都能和年輕的樹一樣蓬勃生長。[17]因此得到了一個必然的結論：不論是什麼限制了樹的壽命，它細胞分裂的能力，以及製造能活躍生長或有生殖力的後代的能力，並不會因為年齡影響而衰退。

而就像動物一樣，植物細胞分裂的能力也是一把雙面刃。一方面來說，細胞分裂是長壽所必需的更新與修復的關鍵，可是換個角度來說，每次誕生新的細胞，就有可能發生突變。植物有無窮無盡的分裂中細胞，因此它們發生突變、出現失控的細胞分裂的風險應該極高。雖然突變和某些細菌、病毒和昆蟲的攻擊一樣，可能會造成腫瘤，但是植物對於癌症的傷害似乎是免疫的。關於這一點，我們有強而有力的根據。愛爾蘭作家喬伊斯在《青年藝術家的畫像》這本書裡，引用一首來自一本拼字書的無厘頭詩[18]：

沃斯里死在列斯特大教堂
院長在那埋葬他
植物得的是潰瘍
動物得的是癌症

但是如果你讀過喬伊斯的書，那不管他講什麼主題你都不會驚訝的。植物之所以能逃過致命的癌症，必定是因為植物細胞被限制在像個盒子一樣的細胞壁裡動彈不得，因此它們不會像動物細胞那樣擴散到體內。因此，造成癌症病患死亡的擴散現象，不會發生在植物身上。曾經有人提出，植物的細胞分裂受到鄰近細胞影響的調控程度，遠比動物還要嚴格。因此，突變的單一植物細胞很難會失控增生。[19]

突變確實會發生在植物的葉芽，但它們的影響還是很局部，所以偶爾葉芽會長出嫩芽，然後長成跟其他地方截然不同的樣貌。對於園藝來說，這種不聽話的枝枒稱為「突變芽」，可以產生具有高度商業價值的變種新植物，很多傳統的蘋果與花卉品種都是這樣來的。[20]然而，這一類的突變種驚人地少，也許是因為突變細胞通常會被產生突變的組織內的原生細胞所取代。[21]

就細胞來說，看來所有的樹都和針毬松一樣有長壽，甚至長生不死的潛力。那麼為什麼每種樹的壽命不同呢？樹有不同壽命的這項知識，比中世紀就鋪設的西敏寺偉大地磚中呈現的生物宇宙學還要古老。在愛爾蘭流傳的一首詩裡，就提到一個版本的宇宙年齡公式；這首詩在偉大地磚鋪設前四百年就已經很有名了。這個版本的開頭是「柳枝一年，田野三年」，結尾是「紫杉活三次，世界過一輪。」[22]柳樹的枝枒一年就能長出來，但是紫杉長得很慢，可以長存在天地之間。因此，柳枝和紫杉的年齡就是所有生命的最短與最長極限。紫杉是歐洲一種會長漿果的針葉樹，自古以來就是神祕的象徵，也是詩人的最愛。華滋華斯曾經在英國湖區，以紫杉為主題寫過：

有棵紫杉樹，洛天谷之傲
迄今獨自聳立，周圍

一片漆黑，一如往昔故

……

一片廣闊無邊幽暗中
此棵孤樹！活生生地
生長緩慢，永不衰老
形態壯麗，外觀莊嚴
無人能毀。[23]

華滋華斯說，「活生生地生長緩慢，永不衰老」，正呼應，甚至預測了我們現在對於生長緩慢與長壽之間關連的知識。事實上，在他寫下這首詩後不久，洛天谷的紫杉就被暴風雨從中間劈裂，高度從八公尺減少為一半，但兩半都各自找到了出路。被劈落的那一半變成了一張椅子，支撐華滋華斯的故鄉，也就是附近的科克茅斯市市長的尊臀。另外一半就留在洛天谷，一直活到現在。[24]

隨著樹的直徑愈來愈寬，木質部的導管會被壓縮，形成樹的心材。這些導管無法再輸送水分，但是可以支撐樹幹的物理強度。木頭的物理與化學特徵會依照物種有很大的差異，並且會決定樹木抵擋真菌與昆蟲，還有風以及其他樹木倒塌時造成的物理性破壞的能力。華滋華斯對樹木生存規則的看法，後來被證明是通則，不論在熱帶或洛天谷都適用。生長緩慢的樹木木質比較密，死亡率比較低，活得也比較久；生長快速的樹，例如柳樹或樺樹，過了幾十年就會腐朽死亡。[25]

活得久的樹也會利用化學物質保護自己。舉例來說，針葉樹芳香的樹脂其實是它們軍火庫裡的要角，在樹木受傷時會覆蓋在傷口上，發揮抗菌效果。以美國西部黃松為例，樹脂在乾燥的心材所占的重量比例可高達百分之八十六。[26]而鉛筆柏所萃取的油，可以有效地驅趕白蟻和蛀蟲。用木材做內裡的五斗櫃，在新英格蘭地區傳統上會被用來儲存並保護冬季衣物，以免夏天的時候被蛀蟲侵襲。防護性的化合物會讓木材變黑，所以你一眼就能看得出來變成夾板的白木需要經過化學處理才能防蛀。相反的，美國西部側柏帶有香氣的木頭雖然輕，但是天生就能防蛀防蟲。這些特質使得這種木材很適合用在戶外建設。我就有一間用這種厲害的木頭蓋成的溫室，可以為它防蛀的能力作證。最古老的美國西部側柏不論大小和雄偉程度，都能和紅杉相提並論，而且活到一千年以上都沒什麼問題。這些有防禦性化學性質的物種比沒有防禦性化學物質的親戚活得更久應該也沒什麼好驚訝的吧。這種現象不只見於植物當中，魚類、兩棲類，以及爬蟲類也是一樣。[27]

就算是同一個物種，這條規則都似乎還是成立：活得快，死得早。最適合解釋這條規則的就是美國側柏了。我們前面看到，這是壽命較短的樹，如果在森林深處的土壤上生長，一百年內就會死去；但是如果被迫在岩縫裡勉強求生，就能活到千年之久。許多年輪研究顯示，在群體中最古老的樹，和同儕相較之下，終其一生都維持著相對緩慢的生長速度。[28]這樣的發現令人驚訝，因為快速成長的植物可以長得比較大，而我們一般會覺得比較大的生存得比較好，但是快速成長的代價就是比較不能抵擋壓力。舉例來說，針對牛蒡、翼薊、毛地黃等數種多年生草本植物的實驗發現，在一般情況下，生長快速的個體和同物種生長緩慢的個體都一樣適於生存，而且產生的種子還比較多。可是當研究人員去除它們的葉片，對植物施加壓力時，生長快速的那些草本植物之後的生存與繁殖都變差了。[29]生長緩慢的草本植物儲存了資源，在受到壓力的情況下有復原的優勢；生長快速的個體則把資源都用在生長，入不敷出。

在自然環境中的死亡通常是不連貫的。情況好的時候，只會有少數個體死於各種年紀；情況不好的時候，死亡率可能很高，原本不明顯的弱點會受到厄運的考驗。在隱桿線蟲的實驗中也會看到這樣的模式，雖然突變型在沒有壓力的情況下，可以活得比較久，但是在壓力之下，野生型就比 *daf-2* 突變型更有優勢。[30]同樣的，一項針對長葉車前草的衰老研究也發現，在溫室條件的保護下，並不會看到死亡率如預期般隨著年齡而增加；但是在乾旱發生時，野生族群的死亡率就會表現出顯著的增加趨勢。[31]

大樹因為超級長壽而吸引了所有人的注意，但是還有其他植物活得更久。舉一個我在南非旅行時碰到的例子。在英國，愛德華國王七世是小馬鈴薯，但是在南非開普地區的迪普瓦勒森林裡，他是一棵樹。他的體型也很符合國王的身分：樹幹的周長有七公尺，高度將近四十公尺，年紀超過六百五十歲。他稀疏又高聳的樹頂枝枒睥睨森林的其他地方，每根樹枝尖端都有一叢灰綠色的樹葉，樹枝下還有大量一束束垂下的黃綠色地衣，就像他的鬍鬚一般。如果真的有《魔戒》作者托爾金小說裡的巨人存在，那一定就是這棵高聳、留著鬍鬚的樹了。旅遊書會告訴你，這棵鐮刀葉羅漢松[32]是南非最古老的樹之一，但並不是這樣。愛德華國王七世要說是「最古老的樹之一」，至少還差個一萬年呢——如果你相信可能奪去他王冠的人的說法的話。

距離迪普瓦勒大約九十六．五公里處，是小卡魯這個乾燥地區，這裡有一個地點叫做「遠方」，當地南非荷蘭語稱為「菲爾恆利」，意思是「遙遠傳說」。和我一起去菲爾恆利的，是對小卡魯地區瞭若指掌的植物學家佛克。我們從奧茨胡恩出發，這是在小卡魯中部，一個讓人昏昏欲睡，心滿意足的地方。佛克把自己細瘦的四肢塞進南非人口中的 bakkie——四輪傳動的輕便貨車——的駕駛座，點了一根他自製的香菸，吐了一口煙後踩下油門，我們就上路了。

開了將近二十公里的柏油路之後，我們轉進一條泥濘的小路，朝山裡加速開去，在圈牧牲畜的金屬柵欄以及牲畜維生的旱地灌木間飛馳，揚起一陣紅土。突然間，佛克停下車。我們下車後，他指了指圍欄裡一棵不起眼的小樹。

「這是瓜利樹（gwarrie tree）。」他說。

「就是這個？」我問，聲音毫不掩飾我心裡的失望。佛克先前告訴過我，小卡魯區裡最古老的樹都很小，但我還是沒想到佛克口中至少有一萬歲的樹，看起來居然這麼普通。他告訴我的瓜利樹故事是這樣的：

很久以前，大約是一萬到一萬兩千年前，最後一次冰河期結束的時候，菲爾恆利的氣候比現在潮濕，而當時瓜利樹就生存在亞熱帶的灌木叢中。小卡魯地區的瓜利樹族群一定是由來到此地的單一種子所形成的，最多不會超過幾顆，因為所有現存的瓜利樹的基因都一模一樣。當時的環境條件一定很好，因為一開始少少的數量，最終居然能形成整個族群。後來氣候變得愈來愈乾燥，這種新樹也無法繼續成功繁殖。佛克說，現在瓜利樹的種子偶爾才會有足夠的雨水可以發芽，但是幼苗的根都還來不及長到旱地深處，接觸到足以讓它們維持生命的濕潤土壤，就已經先紛紛死去。唯一活下來的，就是在附近有灌溉的梅子園裡發芽的那些幼苗。小卡魯這一區的降雨，一年幾乎不會超過六十公分，而且通常遠低於這個數字。瓜利樹的幼苗需要三到四年的降雨才能茁壯，而這一區的氣候紀錄顯示，這種事從來沒有發生過。

難道自從一萬到一萬兩千年前至現在，真的都沒有新的樹加入這個族群嗎？如果是真的，那麼現在這些樹至少都已經那麼老了，而且整個族群根本應該放在博物館裡展示，因為它們的歷史是最古老的埃及金字塔的兩倍，活力也是兩倍。突然間，瓜利樹開始有意思了起來。可是為什麼瓜利樹能活那麼久？答案就藏在地底深處。每一棵樹都是從一根極大的地下主幹發芽生長的，這根主幹就像是一顆木製的生存膠囊，當樹被火燒或變成大象的午餐時，就能重新發芽，取代原本的樹。就算我想看瓜利樹底下有什麼東西想得要死，但是沒有一票工人，也沒有同意我們開挖的地主，更沒有讓我們能干涉這種保育類植物的官方許可，因此佛克也愛莫能助。

瓜利樹破紀錄的長壽證據，雖然現在只能說是情況下的產物，但很有可能是真的，因為瓜利樹不是特例。灌叢是一種旱地灌木，原生於美國中西部的沙漠。它的根會從灌木所在處，以輻射狀四處延伸，在本體周圍長出新芽，產生新的、基因完全相同的灌木。由無數個基因相同的個體所組成的植物（以及像珊瑚這種群居動物），被稱為營養系植物（又稱同源植株）。當比較老的灌叢死亡之後，取而代之的新生樹會形成一個圓圈，慢慢以此為中心往外擴張，就像是池塘裡的漣漪一樣。這些漣漪前進的速度極為緩慢。如果以現代的生長速度作為標準，那麼在美國西南部的莫哈韋沙漠最大的一圈叫做「克隆王」（King Clone，即「無性之王」），估計有一萬一千七百歲，[33]代表這些無性繁殖的灌叢就跟莫哈韋沙漠一樣老；而這裡和南非的小卡魯地區一樣，也是在最後一次冰河期結束後才成為沙漠的。

營養系植物可以活超級久，[34]但是有些生物學家認為，像是灌叢、瓜利樹等等這些古老的營養系植物，其實是由古老遺傳譜系的年輕後裔所組成的，不能和針毬松或鐮刀葉羅漢松相提並論，不應該以同樣的標準來說它們是老的。[35]寶座應該保留給愛德華國王，因為他是一棵古老的神木，不能讓有著相同名字，但只是百歲馬鈴薯的複製品的冒牌貨共享榮耀。但事實上，這兩者間的差異遠比表面上看來的少，因為不管是哪一棵神木，真正古老的那些部分都已經死去了。真正讓老樹活著的，是那些年輕的嫩芽。你也可以說，針毬松和灌叢或是馬鈴薯之間唯一的真正差別在於，松樹是在半空中連接它們的嫩芽，而灌叢複製品或是馬鈴薯是在地底相連，或一度相連。

寶座到底該給高高在上的皇室，還是草根的暴民？我天生就是平等主義者，但是你可以有自己的決定。不過就生物學而言，所有的差異最後還是回到年輕的嫩芽間能持續連接多久。如果是像樹木那樣在地面上連接，那麼就算是死了以後，木材的持久度對於樹的壽命還是關鍵，因為嫩芽還是要靠樹幹來支撐，並且與根部相連。如果像灌叢那樣在地底連接，那麼嫩芽各自可以發展出獨立的根部系統，樹叢之間的關連也不是那麼重要。此外，這樣的連接能維持多久，在營養系植物之間也有很大的差異。如果是野生草莓，這種連接就很短命；但如果是可以存活數百年的羊齒植物，它們連接的時間就長很多。[36]

至於長壽的營養系植物會不會衰老呢？這又是一個有趣的問題。我們又怎麼知道它們會不會衰老？計算年老的營養系植物的死亡率，根本是不可能的任務；但是如果是可以有性生殖的營養系植物，就可以用性功能的衰退當作它們衰老的指標。加拿大英屬哥倫比亞省曾經做過這樣的研究：他們從不同營養系的白楊樹上，採集其具有生殖力的花粉來測量，發現原始群體的年齡最高達到一萬歲。[37]研究結果顯示，樹的個別年齡並不會影響雄性的生殖力，但是樹所屬營養系的年齡，就會造成影響。然而，一萬歲的營養系裡的雄性生殖力，只衰退百分之八而已。雖然以統計學而言，這是很明顯的下降，但是在這段時間裡，棲息地的變化更為劇烈，使得就生物學而言，這種程度的衰老可能一點都不重要。相較之下，人類男性的生殖力，從三十歲到五十歲會快速下滑三分之一。38

有一群植物的衰老是可以預測的，而且會定期且突然發生：就是一年生植物。有些一年生植物，例如罌粟，會有引人注目的花朵，但也有些就像阿拉伯芥那樣，只有小小的、不顯眼的花，是過去留下的退化性器官。這些一年生植物會在幾個月裡發芽、播種，然後死去。為什麼它們會這樣快速殞落呢？只要你了解植物是怎麼生長的，那麼答案就出乎意料的簡單。

植物的生長是源自一群專門進行細胞分裂的細胞，動物身上也有這些不斷產生新細胞的源頭，就是幹細胞；幹細胞每周會更新內臟內層兩次，也會取代身上的其他細胞。在植物身上，這種源頭叫做分生組織（meristems）。形成層就是一層分生組織細胞，是負責製造韌皮部與木質部的專門細胞。每一個葉芽與每一根樹枝的生長尖端也都有分生組織，負責製造新的嫩芽或開花，新的嫩芽也有自己的分生組織，所以可以無限地生長；但是花就沒有分生組織。所以如果一根葉芽開了花，莖和枝就不能再沿著同一條軸生長。

一年生植物就是在短暫的生命過後，把所有的葉芽都拿來開花的植物，也因此終結了它們的生長。這種一口氣爆發的繁殖消耗了這些植物所有的資源，所以剩下的葉芽就算沒有開花，也缺少生長所需的資源，使得植物最終死去。相反的，多年生植物可以年復一年地生存，就是因為它們保留了一些生長用的葉芽，只有少數能開花的葉芽真的會開花。多年生植物通常會等到植物長得夠大了，能夠承擔開花的成本，並且可以繼續生存後才會開花；可是一年生植物不管長得多小，通常只要季節對了就開花。很多一年生植物，甚至是不到〇．六公分高的小植物，都會發生芽變，開一朵獻給自己葬禮的花。

開花通常是環境中的季節線索所引發，但是植物到底會不會對這些線索做出反應，還有反應的強弱，都是受到基因控制的。因此，開花基因最終會決定一株植物是像一年生植物那樣早夭，還是像多年生植物那樣延後衰老。[39]一年生植物與短命的隱桿線蟲的生命，竟相似得令人吃驚：兩者的壽命都可以透過打開基因開關而延長，但出於某些原因，演化偏好讓他們在繁殖的周期中，如煙火般消逝。

回頭看看本書目前討論的關於長壽與衰老的各種例子，有些模式開始變得清楚，但一個尚未解答的大問題也隨之浮現。我們愈來愈清楚的是，衰老，也就是生理機能隨著年齡增加逐漸惡化的現象，是壽命長短的決定性因素之一，但不是最重要的。這可以從過去兩百年裡，我們這個物種壽命的異常倍增得到證明。我們這個物種的衰老一直被漸進式地延後，但並沒有被減少。

雖然大部分的動物似乎都會衰老，而有些植物和模組化動物顯然不會，可是這個差別只會影響這兩個群體能達到的壽命極限值。最長壽的模組化生物的壽命能以千年計（針葉樹與珊瑚），或是以萬年計（營養系植物），而非模組化的生物紀錄保持者，則是只能勉強活到五百年的北極蛤這種軟體動物。然而，大部分動植物的壽命都短很多。像罌粟這類短命的植物在十二個月的尾聲就會死去，一些相對短命的樹木大約在一百歲的時候就會開始衰老，但這並不是植物細胞分裂與生長能力的天生限制造成的。相反的，演化會容許甚至偏好身體機能無法維持。

我們已經發現演化有能力改變生命長度。如果你思考有親屬關係的物種間預期壽命的差異，就能明顯看得出來這一點。光是齧齒類就有很好的例子：小鼠只有一到兩年的壽命，但裸隱鼠的壽命卻至少是牠的十倍。各物種之間存在差異，顯示壽命確實有基因基礎。但是更令人驚訝的，是同一個物種的壽命也存在著基因差異。針對在線蟲身上造成這種差異的基因分析，帶來了另外一個驚奇：從酵母菌到人類，影響壽命的基因本質上是一樣的。這裡討論的基因，是那些決定生物如何調節養分的使用，以及如何分配養分給互相競爭的成長、繁殖、維持身體機能等需求的基因。

因此，包括植物與珊瑚在內，所有生物的壽命似乎都是在成長、繁殖、修復這些選擇當中，取得彈性的妥協後決定的。這個結論使得一個尚未有解答的大問題浮現出來，也是我們接下來要討論的：如果衰老可以延遲發生，如果生命長度如此有彈性，那麼為什麼天擇不乾脆抹除衰老，讓壽命無限地延長呢？

6 高瞻遠矚的解決方案 天擇

E我為演化而唱
V高瞻遠矚的解決方法
O物種的起源
L生命生生不息
V人類的勝利
E解放了心靈
手指向一個方向
那就是天擇

——奈特利，〈演化〉[1]*

西非的豪沙人[2]有一個傳說是這樣的：有兩個老人一起長途旅行，他們又熱又累，衣衫襤褸，滿是塵埃。他們身上的水壺早就見底，所以非找到水喝不可。終於，他們找到一條乾涸的河床，於是決定跟著河床走，最後在一座山腳下發現從岩石湧出的泉水。泉水旁的石頭上坐著一個年輕人，於是他們請這個年輕人讓他們喝水。

「當然可以，」他回答，「不過要請較年長的那位先喝，這是傳統。」

其中一位老人說：「我是生命，所以我比較老。」

「不是的，」另外一位說，「我是死亡，所以我更老。」生命說：「不可能，沒有生命就不會有死亡，所以我比你老。」

「剛好相反，」死亡說，「生命誕生之前，存在的是什麼呢？只有一片虛無和死亡。我比你老太多太多了。」

泉水邊的年輕人知道，這個爭論短時間內是不會有結果的，但是出於對生命與死亡的尊重，他還是很有耐心地坐在石頭上，等著其中一人會因為口渴而願意放棄自己的驕傲。最後，生命向那個年輕人說：「好吧，年輕人，你都聽見我們說的了，你來選誰比較老，是死亡還是我？」

這個要求讓年輕人卻步了，因為他怕選了死亡會讓生命不開心，選了生命卻會激怒死亡，所以他巧妙地回答：

「我都聽見你們說的了，你們兩位都很有智慧，說的也都是真的。沒有死亡就不會有生命，沒有生命也不會有死亡，所以你們的年紀相仿，沒有誰比誰老。你們兩位請一起喝水。」說完，他就舀了一大碗的乾淨泉水給兩位老人，他們也迫不及待地一起喝下。

對於死亡的這種看法是非常普遍的，不只豪沙人這麼想，幾乎所有地方的人都是這樣。生命與死亡永遠是同行的旅伴，從同一個杯中喝水。年輕的時候，生命跑得比較前面，渾然不覺自己身後跟著死亡的陰影；但隨著年紀愈來愈大，這個陰影卻愈來愈近，直到死亡終於追了上來。這是全世界人類共同的經驗。很多作家都曾經坐在這座譬喻的泉水旁，冷眼旁觀生命與死亡相爭，再提出自己的判斷。美國詩人艾蜜莉・狄更森（1830-1886）曾經寫下：[3]

＊譯注：英語中的「演化」動詞為Evolve，原詩中除了以用該字的每個字母作為每個句子的開頭外，在每一句中也使用了以該字母開頭的單字。原文如附：

E, I sing for Evolution
V, the Visionary solution
O, the Origin of species
L, the Life that never ceases
V, the Victory for mankind
E, Emancipate the mind
The finger points in one direction
That’s natural selection

死亡是一場
靈魂與塵埃的對話
「消失吧」死亡說——靈魂答
「我還有責任未了」——

類似的宗教性可以在十六世紀的英國詩人鄧約翰（1572-1631）的作品〈死神別驕傲〉[4]中看到，因為還有來生：

短眠過後，我們即甦醒並永生
再也沒有死亡；死神，你將死。

英國威爾斯的詩人托馬斯（1914-1953）除了也受到經典啟發之外，還和另一位詩人打賭誰能以「永生」為主題，寫出比較優秀的詩。[5]他筆下的死亡，代表著從純粹的必死中解放：

死亡亦不得獨霸四方
死者赤身裸體，死者亦將

混合風中與落月中的那人；
等白骨都剔淨，淨骨也被蝕光，
就擁有星象，在肘邊，在腳旁
縱死者狂發，死者將清醒，
縱死者墜海，死者將上升；
縱情人都失敗，而愛情無恙；
死亡亦不得獨霸四方。＊

同樣認為死神會因為死亡而消逝的觀念，也出現在羅馬詩人塞內卡（約4 BC-AD 65）[6]的作品中，不過他強烈否定有來生：

死亡之後再無死亡，亦無萬物；
是一口氣的最終限度。
野心勃勃的狂熱者也得停止追逐
對天堂的希望，而他的信仰即是他的驕傲

＊譯注：余光中先生譯。

塞內卡的觀點是最接近現代科學的：死亡是生命的結束，僅此而已。然而，出於科學的好奇心，我們還是想問：「為什麼？」為什麼死亡總能追上生命？畢竟有些物種真的很長壽，好像長生不死一樣。儘管這類物種大多是植物，但是就算在動物之間，死亡套住生命的韁繩也有長短之分。以人類來說，這條韁繩每小時會拉長十五分鐘。因此證據顯示，生命的長度是可以改變的，而且死亡的時間，就像生命裡所有的東西一樣，是可以因為演化而改變的。這就是謎團所在。

天擇是演化的動力，偏好那些能留下最多後代的個體。這麼一來，對繁殖力有礙，並且會使身體衰退的老化怎麼會演化出來呢？天擇怎麼會允許老化存在？為什麼天擇沒有修正這個問題，讓所有物種的個體都長生不老？最早提出這個問題的科學家之一，是十九世紀的德國生物學家魏斯曼（1834-1914）。他認為，演化之所以選擇老化與死亡，是因為這有助於物種消滅耗損的個體，讓年輕有活力的個體得以出頭。[7]可惜這個膚淺但有說服力的觀點其實有三層的缺失，魏斯曼本人後來也了解了這些缺點。

首先，天擇的運作並不是以群體的利益為考量，而是以個體為對象，讓那些繼承了可以留下最多後代的特徵的個體能存活下來。針對個體優勢的天擇力量，會勝過任何只有助於增進物種全體優勢有關的選項。為什麼？想像有一個群體，裡面年老的個體都像魏斯曼說的那樣，會為了物種全體的利益而犧牲自己，但是這個群體裡早晚會出現一個突變個體是自我犧牲基因有缺陷的，這種突變讓他活得比較久，留下的後代也比會自我犧牲的個體留下的後代還多。因此只要經過幾個世代，自我犧牲就會退流行了。

第二，生物會「耗損」這個觀念本身就有問題，彷彿把生物當成機器。但事實上，生物的生理過程都能神奇地把蛋變成雞了，為什麼不能在雞長大以後繼續修復雞的生理狀況？因此，衰老不會只能用生物缺乏修復而耗損來解釋；但是如果不小心照顧，的確還是會發生這種事。就算生物確實出現耗損，也完全不能用來解釋衰老，而是讓問題變成：為什麼年輕的生物可以自我修復，但年老的生物做不到了？

這個問題揭露了魏斯曼的理論裡第三個，也是最後一個缺失：這是一個循環。他的理論沒有解釋衰老一開始是怎麼憑空演化出來的。相反的，這個理論假設衰老一直都存在。魏斯曼認為，消除那些因年歲而耗損的個體對物種整體有益，但並沒有解釋個體究竟為什麼會隨著年歲而耗損。所以我們又回到了原本的問題：天擇怎麼會允許衰老存在？第一個對此提出有力而且清楚的演化解釋的是英國生物學家梅達華（1915-1987）。一九四六年，他在一本籍籍無名的雜誌上發表了一篇關於這個主題的文章，後來在一九五二年重新將他的論述出版，名為《未解決的生物學問題》。[8]如果梅達華把他的發現改個名字，變成《已解決的生物學問題》，說不定在當時會引起更多的注意。不過他在自己的傳記《思考的蘿蔔回憶錄》當中說，他之所以涉獵演化研究，只是為了滿足知識上的娛樂。他的「正職」其實是免疫學家，一九六〇年還因為這個領域的研究成果獲頒諾貝爾獎。但是他解決了「我們為什麼會變老」這個演化上的問題，值得獲頒第二座諾貝爾獎。我曾經見過梅達華本人，不過我是在演講廳中遠遠看到他。那時候是一九七九年，他很不幸地成為自己提出的衰老演化論點的範例，坐著輪椅，因為中風而失去行動能力。

梅達華的論點簡單又優美，而且不像魏斯曼的理論，梅達華和天擇的立場完全一致：想像有一個群體永遠不會衰老，他們的死亡率不會隨著年齡增加，死亡的唯一原因就是隨機發生的意外。如果出生率和死亡率一直都是固定的，那麼這樣的群體的年齡組成最終會由年輕人主導。只有意外死亡這一種死因，必然將使得生存者的數量隨著年齡增加而減少，年長者的數量會愈來愈少。簡單來說，因為你活得愈久，發生致命意外的機率就愈高。現在我們想像這個群體裡，幾乎每一個個體，不論老少，都有生兒育女的能力。然後快轉一個世代，問問這個世代裡的每一個人，他們的爸媽是幾歲生下他們的。這些父母的平均年齡會是年輕的，因為這個群體大部分的成員都很年輕。

必須一提的是，梅達華的真知灼見大部分是受到另外一位天才霍爾登（1892-1964）的啟發。梅達華認為，上述的情境會累積有害的突變，並在生命的後期發生，因為在這些有害的突變奪去這些父母的生命之前，這樣的基因已經先遺傳給後代了。相反的，早期發生的突變比較可能會傷害父母的生殖能力，繼而限制這種突變延續到後代。

杭丁頓氏舞蹈症就是一個晚期發作的突變例子。這是由單一基因造成的一種神經退化性疾病，病患要到五十多歲才會發作。美國民歌手暨政治運動份子蓋瑟瑞（1912-1967）因為母親的遺傳而罹患杭丁頓氏症，但是他在生了至少七個小孩之後，才因為這個病的症狀而失能。梅達華自己的病不一定是基因所導致，但他也是在生了四個小孩之後才第一次中風。

而像是帕金森氏症與阿茲海默症這類更常見的神經退化性疾病，以及中風、心血管疾病、糖尿病、癌症等其他疾病，主要都是在生命晚期才會發作。遺傳的突變在這些疾病中所扮演的角色不如在杭丁頓氏症中那麼清楚，但是就算遺傳只扮演了一個小角色，例如透過第四章提到的 *APOE* 基因造成影響，與遺傳有關的突變還是會累積，超過天擇所能掌握的範圍。

現在的趨勢是成家的時間愈來愈晚，這種情況可能會使得天擇開始對抗有害的對偶基因，例如 *APOE* ε4；這些基因過去發作的時間比較晚，所以不會影響到繁殖，但現在則不然。因此你可以預期，隨著天擇的力量愈來愈深入我們生殖力被延長的壽命中，搜尋 ε4 基因，這種基因會開始被消滅。[9]

總結來說，梅達華認為天擇改變遺傳未來的能力，會隨著個體的年紀漸長而逐漸消失，而這樣的預設條件，允許導致衰老的基因隨著演化時間累積突變。也許可以說，天擇會在個體年老時退役。

但是梅達華更進一步發展他的論點，指出有些在年輕時有助於健康與繁殖的突變，在年老時卻可能出現有害的影響。這種「雙向突變」（double-acting mutation）會加速衰老的演化，因為這種突變可能不是只會消極的累積，而是會受到天擇的偏好。雙向突變基因能增進個體年輕時的生殖力，但在年老時卻有害健康，就像是小孩玩的翹翹板一樣，壽命就是連結年輕與年老的那塊長板子：一邊高，另外一邊就會低。天擇會抬高年輕，對另外一邊的年老將承受的痛苦漠不關心。

人類的老年病有很大一部分和免疫系統有關。[10]年輕的時候，良好的免疫系統可以保護我們免受感染，對生存具有顯著的價值。疫苗在過去一百年裡大幅降低了兒童死亡率，也有助於延長預期壽命，而它的原理就是讓免疫系統在人體受感染前，先準備好對抗特定的病毒和細菌。可是等到年老時，免疫系統可能就會過於敏感，容易出現關節發炎造成的類風濕性關節炎。

基因證據顯示，增加類風濕性關節炎發生機率的突變，事實上是天擇在我們過去的演化歷史中所偏好的。[11]這項發現強烈顯示，我們討論的突變是一種雙面刃，而且必定在年輕時會帶來優勢。目前還不知道天擇是何時選擇了這項突變，但可能是約一萬年前農業出現時所引發的：農業大幅增加了人類聚落的密度，使疾病的傳播變得更容易，當時的人類開始暴露在許多新疾病之下，[12]這些條件都強化了天擇對此突變的偏好，增進免疫系統對疾病的反應，而不顧年老時會出現的後果。

美國生物學家威廉斯（1926-2010）利用梅達華版本的衰老演化理論，推論出一系列重要的預測，延續了「在生命早期有好處，卻在晚期帶來傷害的突變」這個觀念。[13]事實上，這些預測也適用於梅達華比較簡單的突變累積理論。這個理論的第一個預測是，演化出衰老的條件之一，就是生殖細胞與體細胞在胚胎發展時必須是分開的。「生殖細胞」（germ line）在英語裡又有

「細菌」的意思，所以乍聽之下好像是什麼不乾淨的東西；不過「生殖細胞」其實是在身體中製造精子與卵子的這類細胞。「體細胞」（soma，希臘文「身體」的意思）就是生物其他的部分。因為生殖細胞系是將基因留給下一代的管道，所以任何會傷害生殖細胞的突變，就代表了自身的滅亡。而傷害體細胞的突變如果只會在繁殖過後才發生，就不會造成自己的死亡。因此，只要生殖細胞不會受到影響，天擇就會容許造成衰老的突變所帶來的壞處。注意，這些突變都是由生殖細胞所傳遞的，但是它們只會在體細胞裡發揮影響。

對大多數動物來說，生殖細胞與體細胞分開是很正常的，所以梅達華的理論預測，衰老在這些動物身上都可以演化出來。然而，植物的生殖細胞與體細胞沒有分開。花的胚珠和花粉，以及形成支撐花的葉子和枝枒的細胞，都是出自少少的分生組織細胞，而它們也是形成讓植物生長葉芽的細胞。因此威廉斯認為，植物的天擇不會偏好造成衰老的突變。這個論點可以說明植物以及像珊瑚這種類似植物的動物，為什麼可以像第五章中提到的那樣驚人地長壽。但也是有些顯然會衰老的植物，例如一年生植物，不過它們的生命周期的演化機制，必定與雙向突變或突變累積無關。我們會在下一章裡看一些驚人的例子。

另外一個突變造成衰老演化的必要條件，就是繁殖的後代數量必須隨著生物變老而減少。這是人類和狗及家畜等被馴養的動物所面臨的情況，而因為這些是我們熟悉的動物，所以聽起來好像很正常，但是地球上大約有一千萬個物種，每一種都有點不一樣，所以我們要小心使用「正常」這個詞。可以無限生長，因此會隨著年齡愈長愈大的動植物就違反了這個條件。以這些物種而言，因為年老的親代產生的後代太多了，所以前面提到的翹翹板一直都很平衡，天擇也不會為了年輕的優勢而犧牲它們。無限生長以及隨之而來的繁殖力隨著年齡增加的模式，可能就是樹木以及雙殼綱的北極蛤這類動物可以活這麼久的原因。

衰老的演化說明了天擇最終還是只關心生殖是否成功，這個結論也凸顯了另一個演化的謎團：為什麼女性的生殖力在五十歲時會停止？幾乎所有人類族群的更年期都大約在這個年齡出現，男性的生殖力雖然也會隨著年齡而降低，但是不會像女性那樣戛然而止。讓這個謎團更難解的是，我們的靈長類近親並不會有更年期；舉例來說，母的黑猩猩到牠們死為止都有生殖能力。所以更年期和衰老不一樣，似乎是只有人類才有的。利用激素治療，也許能某個程度地逆轉更年期。例如印度的戴薇太太二〇〇八年在九十歲高齡成功生下了試管嬰兒。[14]這些事實強烈顯示，更年期並不只是天擇的副產品，也不是衰老所無可避免的結果；相反的，雖然聽起來很不合理，但是它的演化必定帶來了某種生殖優勢。

既然更年期會使生育停止，那它必定與女性現有的孩子或孫子有關，才會具有繁殖優勢，並有助於相關的基因遺傳。此外，這項優點一定遠大於女性停止成功生殖自己的小孩所需付出的代價。換句話說，天擇以後代的數量來計算，加加減減過後，最終的最佳解答必定是更年期，而非持續的繁殖。有兩項因素影響了這個計算。首先，一個女性在五十歲之後可以成功養育的小孩數量；第二，如果她改為幫助現有的小孩養兒育女，對他們的生存與繁殖會帶來多大的不同。

這些問題的答案顯然與普遍的健康與社會條件有關，而這些都在最近出現了進步，但是不要忘記了，我們還是可以估計這些數字在演化的歷史中是如何累積起來的。大部分的女性早在五十歲之前就生下多數的小孩，在這個年紀生更多則會有危險。除了母親在生產中死亡的風險會隨著年齡增加而上升，小孩出現唐氏症的風險也會增加。

要取得一百五十年前相關的資料已經很困難，不過利用英國人長久以來對於皇室婚姻與床笫之事的著迷，有個重要的研究得以追溯長達一千兩百年的紀錄。[15] 在王宮貴族當中，特別出名、出身大家庭的要人，壽命都比較短，這種現象特別是在尚未進入現代的一七〇〇年之前那段時間特別顯著。當時活到八十一歲的女性當中，將近一半都沒有生兒育女。就算沒有生產造成的死亡，因為父親就是不會受此影響的人，但是這些資料與其他研究還是顯示，在大部分的人類歷史中，生兒育女必定會帶來壽命減少的風險。如果這個代價影響了貴族，當然一定會影響生活環境更辛苦的平民。

這類資料顯示，在五十歲以後生更多小孩的風險，可能會使得不生的好處變得更大。等到女性年紀最大的女兒可以生下自己的小孩時，這個年齡的女性幫助女兒養育小孩可以增加孫兒存活的數量，可能還能增加未來可出生的小孩數量。還有其他證據也支持這個解釋更年期演化的「奶奶假說」。在西非針對甘比亞兩個村落進行的一項研究，利用當地尚無醫療設施時收集的資料，發現家庭中有外婆的一到兩歲的兒童，生存的機率是同齡但家中外婆已過世的兒童的兩倍。[16]另外一項研究發現，在現代化之前的芬蘭教堂出生與死亡紀錄中，活到五十歲之後的祖母輩（含外婆）的孫兒數量，比那些五十歲之前過世的祖母輩多。[17]而不論在甘比亞或芬蘭，祖父輩（含外公）存活的數量，與孫兒的存活率及數量都無關。[18]也許這說明了為什麼女性活得會比男性久：因為祖父輩在天擇的殘酷計算中顯然是多餘的。以年長者的族群而言，男性數量顯然很少。

雖然其他靈長類沒有更年期，但這絕對不是人類獨有的。還有一種哺乳類也有：齒鯨類。母虎鯨（即殺人鯨）會在大約四十歲的時候停止生育，不過她們可以活到九十幾歲。公虎鯨就和人類一樣，終其一生都可以生育，但是也和人類一樣，沒有母鯨長壽。一項針對美國西北方與加拿大近海虎鯨的重要研究發現，這些動物終其一生都是以家族團體的形式生活，稱為「群」（pod），而如果家族中的母親活著，那麼整群鯨魚都能生存得比母親死亡的鯨群好。母親的存在對於兒子的影響特別大，因為就算到了三十歲以上，母親死亡後，鯨魚兒子的死亡率都比母親還活著的鯨魚死亡率高十四倍。[19]目前還不知道母鯨如何幫助成年的兒子提高生存率，但是未來針對虎鯨行為的研究也許能提出答案。

人類與虎鯨有什麼共同點，使得這兩種截然不同的哺乳類居然各自都演化出更年期呢？要讓過了生育期的女性——祖母輩（人類）或母親（虎鯨）——增加後代繁殖成功率的條件成立，似乎有兩項共同的重要特徵。首先，人類和鯨魚都很長壽：只有特別長壽的動物，才會出現活得夠久、得以協助後代成功繁殖的女性。

第二個共同特質是，人類和虎鯨都是生活在多代家庭中——一個虎鯨群可以有多達五代的鯨魚。人類家庭與虎鯨群都創造出了協助比自己年輕的個體的條件，可能也藉此間接讓自己的基因透過親屬關係傳遞給下一代。如果沒有這種緊密的家庭結構，天擇就不會選擇讓女性付出放棄自己繁殖的代價，反而幫助其他人繁殖，更年期也就不會演化出來。[20]

性別間長年的戰爭造成了很多偏見以及關於男女健康的幽默說法，一個常見的笑話——也許甚至可說是常見的觀點——就是男人有一點小病痛就呼天搶地要人照顧。實際上關於男女生病的調查結果卻剛好相反，不如一般的想像。以癌症、心血管疾病等前十二大疾病來看，不論在哪一個年齡層，男性的死亡率都比女性高。但是女性身體不適、看醫生，還有住院的比例都比男性高。在調查健康狀況時，男性大多說自己比同年齡的女性健康，但是死亡率顯示，女性其實是比較強壯的性別。[21]女性和男性老化的速度相同，但是以初期死亡率這條基準線來看，女性的死亡率其實低於男性。如果我想以典型的男性方式誇飾這個情況，我就會說：「女性天生就是要受苦的，男性天生就是要死的。」

雖然更年期似乎是一個獨特的演化現象，但在它背後的驅動力並不特別。在這些過程中，最重要的就是繁殖與生存間的消長。這並不是專屬於英國貴族的等價交換，事實上，不論是酵母菌、植物、蠕蟲、果蠅、病毒[22]，以及幾乎所有你看過的物種都有這種現象。[23]如果把範圍再擴大一點，這種甲消乙長的現象無所不在，不論在飲食或音樂中都找到了例子；比方說「魚與熊掌不可兼得」的諺語，以及現代主義作曲家荀白克對於自己的藝術下的總結：「在重複愉快的刺激與尋求變化的相反渴望之間」尋求平衡。[24]

以天擇的規模來看，生存與繁殖之間的平衡是以對未來世代的貢獻做為衡量單位，也就是所謂的「適性」（fitness）。雖然在英語中，適性與「健康」是同一個字，但這可不是在健身房運動就可以達成的東西。針對這一點，演化生物學家史密斯曾經對他的學生做出非常好的說明。史密斯的視力很差，所以必須帶著水晶鏡片做的眼鏡，並且因此在二次世界大戰時不需要當兵。他自己開玩笑說，視力不好可能救了他一命，也讓他提出了自己的「達爾文適性理論」。

突變型隱桿線蟲就是用較低的適性交換長壽。在混合 *daf-2* 突變的線蟲與野生型線蟲的實驗裡，長壽的突變型線蟲大約在三個世代之後就會消失，因為和野生型線蟲相比，牠們在生命初期繁殖的卵數量很少。[25]另外一個隱桿線蟲的長壽基因，稱為 *clk-1*，也有相同的缺陷。[26]這些結果都說明了適性的獎賞就是早期繁殖（見第二章）。白藜蘆醇（又稱葡萄紅醇）是一種植物化合物，一般認為適量地從紅酒中攝取這種化合物對人體有益。食用白藜蘆醇的隱桿線蟲可以活得比較久，可是在生命的早期產下的卵比較少。[27]不過我想，和攝取酒精可能造成的已知健康風險相比，紅酒愛好者應該也會不太擔心這樣的影響。

戴著水晶透鏡的史密斯在五十多年前就發現，因為突變而沒有卵巢的果蠅，壽命會比野生的果蠅長，顯示長壽必須付出與繁殖有關的代價。[28]之後的果蠅與隱桿線蟲的實驗也顯示，繁殖細胞會產生化學訊號，打開控制生命長度的分子通道開關。[29]這樣的交換就像是長壽與更年期的關係一樣，是受到基因控制的，但是要在什麼時候打開開關，最終還是根據它們對適性的影響而決定。這樣的影響反過來也經常會隨著環境而改變。*daf-2* 突變型線蟲乍看之下好像是培養皿中的贏家，但是在土壤的自然環境中卻大大輸給了野生型線蟲。[30]中世紀的英國貴族可能付出了代價，使得他們能留下極多子嗣但死得早；可是在環境改善後的十九世紀，維多利亞女王卻能生下九個小孩而且還活到八十一歲。很有意思的是，動物園裡的動物就像皇室一樣受到寵愛，但是在這種優越的條件中，牠們並沒有表現出野生族群中雌性因長壽而使得繁殖力受害的影響。[31]不過，環境的重要性如此之高其實也不值得驚訝，畢竟生物是在適應了環境之後，達爾文適性才會達到最高。而且令人意外的是，這種對環境的適應可能會特別偏好一些奇異的行為，例如自殺式繁殖，我們在下一章就來看看這個部分。

7 絲梅蕾的犧牲　自殺

朱諾：在度量之上的是喜悅
喜悅來自我的復仇
愛情僅是麻煩重重的泡影
擁有它即擁有死亡

——康格里夫，《絲梅蕾》第二幕

雖然他死於異鄉，而且生存在西敏寺建立前一千年的時代，但是羅馬詩人奧維德（43 BC-AD 17）的幽魂卻在這個地方徘徊不去；因為所有長眠在此、受眾人紀念的這些詩人，其實都是他的後繼者。讓奧維德流傳千古的作品，是他的長詩《變形記》。這首詩始於開天闢地，結束於奧維德所處的時代，詩作的主題是不斷循環的變形，就像一部自然的演化史一樣，只不過他提供的是神話的版本。在這首詩結尾的跋裡，奧維德公然挑戰了眾神以及將他逐出羅馬的皇帝奧古斯都。他寫下：既然這首長詩已經完成，就再也沒有任何東西能摧毀他的作品，即使是羅馬眾神之首朱比特的神威也做不到。他已經準備好隨時面對死亡，因為他知道《變形記》會「將我帶入永恆，比所有的星星還崇高，我的名字永遠不會被忘記。」他還說：「千秋萬世後，只要詩人有洞察真理的眼光，我的名字就會永垂不朽。」[1]而奧維德確實說對了。

從喬叟的《坎特伯里故事集》、莎士比亞的《暴風雨》，到雪萊的《科學怪人》，奧維德的《變形記》對英國文學的影響無所不在，他在這個作品中重述了希臘諸神是如何報復得罪祂們的人類，將他們幻化成各種型態。[2]自戀的納瑟西斯因為拒絕仙女艾可的示愛而變成了一朵花；阿克帝恩出門打獵，卻撞見狩獵女神黛安娜一絲不掛地在森林中的水池沐浴，為了確保阿克帝恩不會洩漏他看見的景象，黛安娜把他變成了一隻雄鹿，使他被自己的獵犬撕裂；比較快樂的一個變形故事主角是雕塑家皮格馬利翁，他愛上了自己的作品——一座女性的象牙雕像——於是愛神維納斯回應了皮格馬利翁在祂聖殿的獻祭，讓雕像獲得生命。當馬律伯勒公爵夫人海瑞塔下令為她的愛人康格里夫刻一座象牙雕像時，心裡想的也是這個變形的故事吧。在康格里夫死後，公爵夫人還是會習慣性地和這座雕像交談。在康格里夫這個多產作家的作品當中，有一首詩就是翻譯奧維德寫的絲梅蕾的故事，後來作曲家韓德爾以此為劇本，寫了一齣非宗教的清唱劇（也就是歌劇）。[3]

絲梅蕾是建立希臘城市底比斯的卡德莫斯王的女兒，在古希臘陶瓶上有她的畫像，不過奧維德的作品，是她的故事流傳到現在最古老的書寫版本。在希臘神話中，底比斯人一直都很受到諸神的關注，特別是眾神之首朱比特——祂很偏好這個地區的女性。朱比特是慣犯了：他曾引誘絲梅蕾的阿姨，還強暴過一位女性繼承人。因此當絲梅蕾開始異常熱切地崇拜朱比特聖殿時，便引起了朱比特妻子朱諾的不滿。當然囉，朱比特以一陣風將絲梅蕾捲上天界，此時韓德爾的歌劇讓她以優美的詠歎調，表達她在九重天外的喜悅：

無窮的喜悅，無盡的愛
讓絲梅蕾在天上盡享！
朱比特依偎在她的胸口
祂的雷電在身畔暫歇；
祂的響雷在她的臂彎休憩，
祂的電光在她眼中閃耀

天神之妻朱諾知道朱比特永遠不會悔改，所以祂的報復對象，是懷了祂丈夫的小孩的絲梅蕾。朱諾假扮成一個老太婆去找絲梅蕾，問她知不知道她的愛人是不是真如自己聲稱的那個人。朱諾對她說：為了鑽進妳的袍子，男人什麼謊都會說，妳一定要讓他承諾願意揭曉自己的樣貌，就像他和妻子朱諾共眠時那樣。妳的待遇可不能比朱諾差，對吧？為了確保朱比特不會一聽見這個要求就拒絕她，絲梅蕾要朱比特答應，不管她要什麼都會給她。因為絲梅蕾窮追不捨，朱比特只好答應了。但是當祂聽到她的願望時，祂才知道她不自覺地要求了自己的死亡，因為朱比特的真實樣貌是一道雷電，而絲梅蕾許下這個無法逃避的致命願望，使朱比特不得不顯現祂的真身，於是她便因雷擊死去。朱諾成功復仇，但是故事還沒有結束。朱比特從絲梅蕾的骨灰中救出了他們未出世的孩子，把他縫進自己的大腿中，完成懷胎的過程。這個寶寶就是後來的酒與歡愉之神巴克斯。在故事結束前，康格里夫讓觀賞這齣歌劇的觀眾隨著合唱團的歌聲達到直入雲霄的高潮：

快樂，我們應快樂，
無憂無慮，無牽無掛；
不因享樂感到罪惡，
正直的愛永不嫌膩；
我們會證明所有的美善正義，
巴克斯會加冕愛之喜悅！

你可能猜到了，這個故事也具有生物學的重點。寶寶可以是喜悅的源頭，尤其是如果他是像巴克斯那樣帶來酒櫃的鑰匙的話；不過性是有害的。神話中的絲梅蕾，極端地體現了主宰生命的鐵則：繁殖必須付出代價。雖然像絲梅蕾這樣，為了生一個小孩而付出這麼嚴重的代價的例子很少，不過自然界確實有很多生產後立刻死亡的例子。生物學家利用絲梅蕾這個名字的原文Semele，將這個模式稱為「單次繁殖」（semelparity）。

單次繁殖，或者你也可以稱之為「繁殖大爆炸」，在動植物世界中俯拾皆是。想看看植物在這方面的驚人例子，就和我一起到南非開普敦的科斯坦伯斯國家植物園吧。這張長椅上有一面標示牌，是對一名曾經來到這座植物園的已故遊客致意的：他是克恩，死於一九九五年，得年五十一歲。坐在長椅上，我已經比他老五歲了，所以這張長椅也提醒了我，我最終難免一死。確實，科斯坦伯斯植物園裡的花朵之美豔，在平台山腳的位置之驚人，從兩側清新流洩的溪水潺潺聲及蛙鳴鳥叫之脫俗，根本讓人覺得自己已經置身天堂。但是不可能，因為這個地方任何貌似永恆的跡象，都會被我們眼前的這些樹推翻。它們是三重生的科西棕櫚，原生於南非東方的馬普多蘭海岸。這三棵樹當中的兩棵顯然已經死亡，樹葉就跟它們的樹幹一樣枯黃。這些樹留給我們紀念的，是充滿纖維但是不耐用也不堅固的木頭，連做成放在花園裡最脆弱的那種椅子都不行；另外還有一堆的果實，大部分長在樹冠如同水晶燈般的分支上。

這些果實是這種樹對永生的承諾。樹幹的生命短暫，只為了結果而存在，存活時的強度也只要足以提供暫時性的結構就夠了。棕櫚樹的樹幹其實只比累積的葉基粗一點點，不像闊葉樹（以及中年出現啤酒肚的人類）會隨著年齡而變粗壯。每一顆果實大約是大顆的雞蛋大小，外層有鱗片，讓赤褐色的果實像塗了亮光漆一樣發亮。鱗片排列呈螺旋狀，就像還沒打開的松果的外殼。數學家費伯納契因為發現這種螺旋排列符合數列規則而千古留名，這數列也稱為費氏數列，規則是數列中的任一數都是前兩項之和：一，一，二，三，五，八……以此類推。費氏數列在自然界的螺旋當中會一再出現。

這三棵科西棕櫚裡，中間的那一棵還沒有結果，依舊生命力旺盛地生長著，像噴泉一般，從樹冠不斷抽出嫩葉。這些高約三十公尺的樹，長出的葉子可以長達十公尺，一片接著一片，螺旋狀地繞著樹幹生長。科西棕櫚會朝著天空螺旋式生長，從細瘦的葉柄長出羽毛般的樹葉，形成一大片屋頂，就像是要把烏雲密布的天空清掃乾淨的雞毛撢子一樣。到了三十多歲時，這些雞毛撢子最頂端的葉芽會停止製造葉子，反而開出像是巨大水晶吊燈般分支的花，然後長出這些假扮松果的果實。真正的松果裡會有數十顆種子，但是如果你搖一搖掉落的科西果，會聽見喀喀聲，因為裡面只有一顆像象牙的果仁。當科西果還在樹上成熟時，果實外面的木質鱗片會保護它不被掠食者吃掉，但是等到果實掉落之後，鱗片就會開始鬆開分裂，讓果仁發芽生長。科西棕櫚以及很多其他棕櫚樹為了長出大量的種子，都會賠上自己的生命。南印度與斯里蘭卡地區的錫蘭行李葉椰子是最驚人的例子：它的葉子比科西棕櫚還要大，而且到了漫長生命的尾聲時，長在樹冠分支的果實會長達三到三．五公尺。

對於少數動物與植物而言，單次繁殖是很常見的情況；對其他動植物則不然。以植物來說，棕櫚樹是唯一會大張旗鼓地繁殖然後死去的樹，不過還有幾種其他的熱帶樹種是單次繁殖的。很多不同種的竹子也是單次繁殖的，它們可能會在大範圍內同時開花，然後集體死亡。在北美與歐洲，包括野生胡蘿蔔、蒿毛蕊花，還有月見草等單次繁殖的草本植物，通常會長在雜草多的地方，在植被的間隙中擴大領土。

單次繁殖在昆蟲當中很常見，有些昆蟲可能會先以幼蟲的型態在水中或土中藏身多年，真正見到天日的時間寥寥可數。比方說，蜻蜓的幼蟲會住在清水中，猛烈攻擊小魚在內的其他動物。周期蟬則會以蛹的型態在土壤裡生存十七年之久，只吃樹根的樹汁，再成群結隊地同時以成蟲的型態出現在地面，交配、產卵，然後死去。太平洋鮭在海裡保持單身三年後，也會有去無回地游回北美洲河流的上游產卵。鰻魚的有去無回之旅則是反方向的，牠們生命的中期會在淡水中度過，接著從歐洲與北美迴游，聚集到馬尾藻海，這是歐洲和美洲鰻產卵的地方。[4]很多烏賊和章魚也是單次繁殖的，這對漁業管理是很重要的考量，因為很多捕捉到的烏賊或章魚可能都是還沒繁殖過的。[5]

單次繁殖的哺乳類很少，但不是沒有。大部分的例子都屬於澳洲的一種肉食有袋動物。在這個群體中，只有雄性會在一陣激烈與雜交的交配後死亡。有些蛇也是單次繁殖的。此外，最近在馬達加斯加發現一種小型變色龍，叫做拉波德氏變色龍，牠的一生非常短暫，大部分時間都在蛋裡，孵化後只有四到五個月的壽命。[6]這種變色龍是目前已知唯一一種只有一年壽命的脊椎動物。不過一年生植物倒是很常見。就像我們在第五章裡看到的，這類植物可能會以種子的型態在土壤中生存數十年，然後才在短短幾個月的時間裡發芽、生長、開花，接著死去。

單次繁殖是一個迷人的現象，因為把所有的繁殖能力都集中在一次交配，是生物為了繁殖所付出的最終極代價。為什麼我們剛剛提到的各種物種都會有這種極端且看來風險很高的生存方式呢？從棕櫚樹到周期蟬，從竹子到烏賊，有沒有一個解釋能適用於所有例子？當然有囉。

我們再做一個想像實驗，看看單次繁殖和我們人類所謂建立家庭的「正常」方式，到底有哪些地方相牴觸。我們從一年生植物開始，假設它在一年結束時，也就是死亡的時候，可以產生十顆種子。隔年，這十顆種子都發芽並生存下來，各自長出十顆種子。那麼過了兩年後，原本那株單次繁殖的一年生植物就有了十乘以十個，也就是一百個後代。那麼如果有一株植物發生突變，在產生種子後拒絕死亡，它的後代數量能不能打敗正常的一年生植物呢？生存需要保留一些資源，所以突變株產生的種子，不會有一般一年生植物那麼多。假設突變株很小氣，只產生了九顆種子，保留下來的資源恰好足以讓它度過冬天，來到春天，然後又長出九顆種子。那麼在兩年過後，一開始的九顆種子又各自長出九顆種子，總共有九乘九，也就是八十一顆種子；再加上原本存活下來的九株植物，總共數量是九十。再加上突變株第二年長出的九顆種子，以及它自己，總共就是九十加九加一，等於一百個後代。這好像不怎麼樣吧？

我們用這種小學生的算數是要讓你知道，單次繁殖的厲害遠超過你的想像。一年生植物只要多擠出一顆種子（也就是十一顆），就能勝過對手百分之二十以上（十一乘十一等於一百二十一）。美國生物學家柯爾在一九五四年就注意到，利用這樣的計算會得到一個貌似有理的結論，也就是所有的物種都應該以一年生、單次繁殖的形式生存。但是實際上當然不是這樣，[7]這又是為什麼呢？

如果你還跟得上我的說明，那你一定開始在想問題出在哪裡，或是想到「如果……怎麼辦？」這也就是柯爾悖論的重點所在。這個說法立刻讓我們想問：如果不是所有種子都生存下來怎麼辦？如果只有一半的成年植物撐過冬天怎麼辦？如果成年植物在第二年可以長得更好怎麼辦？就像是第二章裡佩托關於鯨魚的癌症悖論，以及第六章裡天擇容許衰老與偏好更年期的悖論一樣，這個悖論讓我們把重點放在一個待解的演化之謎。

柯爾悖論的數學解其實是非常簡單的規則，不過由天擇符合這個規則所設計的生物解，卻非常多樣而且讓人驚奇不已。這個規則就是，若要讓重複繁殖打敗單次繁殖，重複繁殖所產生的後代數量與單次繁殖所產生的後代數量比，加上重複繁殖的親代繁殖後的生存機率，必須大於一。[8]根據這條規則，打敗單次繁殖最簡單的方法，就是讓親代永遠都會在繁殖中存活下來（也就是生存機率等於一）。但是如同我們在生物學上看到的現實是，繁殖總需要付出代價，而這個代價通常會造成親代死亡。但是另一方面，單次繁殖達到平衡的方法，就是產生比重複繁殖的競爭對手更多的後代數量，以彌補正常的親代生存機率。正常親代生存率愈低，就愈容易演化出單次繁殖。好了，夠多數學了！這條規則怎麼以真實生活來解釋才是有意思的地方。

我們在第二章裡看到的因為新興傳染性臉部腫瘤而受苦的可憐袋獾，正好提供了一個可怕的例子，能用來說明成獸的高死亡率如何助長單次繁殖的演化。在這個疾病出現之前，袋獾達到性成熟後，終生都有繁殖能力。可是成獸一旦感染到這個疾病，在第二年的死亡率會接近百分之百，使得這種動物現在會把握死前僅有的一次機會，提早繁殖。[9]單次繁殖在這個群體中的快速演化，驚人地證實了柯爾悖論對於成獸死亡率造成的影響之預測，並且展現出當動物適應新的生存條件時，演化如何能避免動物絕種。不過這個物種最後到底會不會在野外生存下來，還是未知數。

澳洲還有另外兩種有袋哺乳類家族，牠們的雄性都是單次繁殖的，但是很有意思的是，牠們的雌性並不是。其中一個例子是棕闊腳袋鼩，牠們的雌性會同時進入交配期，一隻雌性會和許多雄性交配，最多能生下有四個不同父親的八隻幼仔。[10]這個交配系統使得雄性之間會為了交配出現持續且激烈的競爭，因此雄性的生理機制會產生過多的睪固酮，血液中也會有大量的皮質類固醇壓力激素，使得身體為了交配而犧牲維持機能的能力。[11]雄性的體重會因交配競爭而下降，出現掉毛、免疫系統較弱、寄生蟲、貧血等情形，並且在交配季節結束後死亡。雌性的死亡率雖然也很高，但是通常能存活下來，生下一窩以上的幼仔。很有意思的是，很多闊腳袋鼩屬的後代性別比例都以雌性為主。天擇已經決定平均而言，哪一種性別的繁殖成功率會最高。

棕闊腳袋鼬以及同類生物的奇異生命歷史，和理論上的預測有什麼樣的關係呢？雄性單次繁殖背後的驅動力，似乎是懷孕成年雌性的高死亡率。這樣的死亡率使得只和一個雌性交配的風險變高，因此生物寧願冒著致命的後果，也會傾向多次交配。[12]這個故事最妙的轉折在於，這個不同的族群之間，也有某種適應變化。在澳洲西部兩座島嶼上有另一種袋鼬叫做斑袋鼬，是闊腳袋鼬的近親。針對斑袋鼬的一項研究發現，在兩座島之間，有海鷗築巢的那座島的土壤比沒有海鷗的島肥沃十八倍。而斑袋鼬吃的是昆蟲，因此在肥沃的土地上，牠們喜歡的食物數量比較豐富。所以在這一座豐饒的島上，斑袋鼬在交配後的狀況會比在貧瘠的島上好，有一些雄性不會在單次繁殖後就死亡。[13]如果因為肥沃的島上食物比較豐富，懷孕的雌性的生存情況也比較好，那麼理論就能解釋為什麼雄性的單次繁殖在那裡比較不占優勢。但目前我們還不知道事實到底是不是如此。

毛鱗魚是一種生活在負極帶水域的海洋魚類，牠們在兩種不同環境中也有不同的生命歷史。[14]不論公母，只要是出生在開放水域裡的毛鱗魚都是單次繁殖的，但是出生在潮間帶的就不是。就算這兩種魚都被帶到相同的水族館環境中，這樣的生命歷史差異依舊存在，所以這可能是基因所造成的。根據單次繁殖的規則預測，在開放水域繁殖的動物，成年者的死亡率必定偏高，可能是因為有其他掠奪性的魚類所造成的；而在潮間帶長大的魚則比較受到保護。

我們傾向認為只有鳥類和哺乳類的母親會照顧幼獸，不過其實昆蟲和蜘蛛也會，而牠們通常也是單次繁殖。[15]舉例來說，母蟹蛛會保護自己的蛋四十個日夜，以免掠食者吃掉牠們；在這段時間裡，牠們的體重會減少百分之三十，因此牠們無法再度產卵。[16]母的日本弓背蠼螋則棲息在溪邊的石頭下，會在小蟲孵出之前保護卵，而小蟲出生後會吃掉牠們的媽媽，然後離巢各分東西。這種行為不僅能增加小蠼螋生存的機率，而且付出的代價也只是讓棲息在這個艱困環境裡終究必須一死的母親，提早面對死亡。[17]

環境因素所導致的成年生物高死亡率，是單次繁殖演化的路徑之一。如果將所有的繁殖力集中在一次大爆發，可以比重複繁殖所產生的後代還要多，那麼也會演化出單次繁殖。規模經濟就可能導致這樣的結果。在汽車發展的早期，生產的汽車數量很少，因為工人製作車子的方法就跟他們打造馬車的方式差不多。接著福特出現了。他蓋了一間又一間高成本的大工廠，付給生產線工人的薪水也很高，但是因為他利用規模經濟，所以他能用合理的價格賣出大量的汽車。這種生產方法的資本成本很高，但是生產出的每單位成本卻是低的。很多生物都會以類似的代價進行單次繁殖。太平洋鮭就是一個經典的例子。

太平洋鮭是大半輩子都住在海裡的許多魚類之一，這種魚在海洋中都保持獨身，專心進食。其中一個物種是銀鮭，牠們每天早上在海裡醒來時只有一個念頭：「我們去獵食吧」——這樣牠們才能長得肥肥胖胖的，有繁殖的本錢。接著這些魚會游到岸邊，進入河流，但可不是隨便一條河都可以：[18]每一條魚都會找牠們出生的那條河，游回原本那個充滿氧氣的淺水處，這裡鋪滿砂礫的河床提供了種種適合產卵與生存的條件。地球的磁場會引導鮭魚橫越海洋，最後牠們似乎是利用對故鄉水質味道的記憶，找到自己出生的那條河。[19]但是為什麼牠們要回家，而不是游到最近的河就好呢？

鮭魚在這段旅程中除了必須辛苦地逆流而上，還要躲避掠食者的攻擊。有些鮭魚出生的地方比較接近海岸，所以旅途比較短，但有些可能是真的要游一千六百多公里以上，是返鄉的壯「游」。河流愈長，牠們出發前做的準備也要愈充足。如果牠們選擇的河太長，那麼就會在回到產卵地之前死去。鮭魚唯一能讓風險降到最低的方法，就是回到自己出生的河流。就算在同一條河流裡，產卵的地點也可能會有小支流或是寬闊湍急的地點的差別，因此鮭魚需要透過遺傳，獲得特定的適應力，才能應付這些當地的條件。每一個世代都會重複這個遷徙的過程，後代會繼承親代能夠選擇正確河流之正確地點的基因，天擇則淘汰了那些做不到這一點的鮭魚，確保演化磨練了每一群魚，讓牠們能在回家的旅程中存活下來，成功繁殖。

而在大批的魚迴游的時候，河裡的鮭魚多得都要滿出來了，所以每個人，從美洲原住民到熊，都會趁機分一杯羹。因為這些掠食者將鮭魚的養分從河裡轉移到岸上的活動實在太活躍了，以至於在加拿大英屬哥倫比亞省有鮭魚迴游的河岸邊所長的植物，都會獲得豐碩的肥料，並且永遠被改變了。[20]這些掠食行為對成年鮭魚的死亡率有非常強大的影響，使得單次繁殖的演化必然受到偏好。[21]可是除此之外，對於少數成功回家的鮭魚來說，牠們付出的努力代表了極大的投資，只有透過捨命產下大量的卵才能得到回報。單次繁殖的鮭魚生下的卵的重量，如果以魚身的重量單位來算，是比重複產卵的卵還要高的；牠們的卵比較大，孵出來的鮭魚苗生存的機率也比較高。[22]

大西洋鮭的遷徙生命歷史和太平洋的兄弟很像，不過大西洋鮭是會重複產卵的。[23]造成這種差異的原因目前還不清楚。太平洋和大西洋鮭都花了很大的力氣迴游到出生地，而且回到出生地之後，也都會在繁殖的魚當中面臨高壓的競爭。因此，兩者繁殖的資本成本看來沒有什麼差別，也無法用來解釋為什麼太平洋鮭是單次繁殖，而大西洋鮭會重複繁殖。也許有一部分的答案在於，牠們的生命歷史的差別並不如一開始看來的那麼絕對。雖然大西洋鮭可以繁殖超過一次，特別是母鮭魚可以做到這一點，不過很少有可以重複繁殖的公鮭魚。在某些河流裡，能夠成功回到大海的成魚比例低於十分之一。[24]造成太平洋與大西洋鮭差異的其中一個可能因素，是在遷徙過程中，由掠食者所造成的死亡率。雖然目前還沒有做過數量的比較，但是太平洋鮭會因為每年的迴游行動瘋狂進食，大西洋鮭卻不會，這可能代表就成魚死亡率而言，前者是比後者高的。

母鮭魚的競爭目標是產卵地，公鮭魚的競爭目標是可產卵的母鮭魚，因此兩種性別都有自己的戰爭，使牠們演化出打鬥用的鉤狀下顎。當鮭魚從大吃特吃的海洋回到淡水時，原本用來進食的牙齒會脫落，下顎變成突出的戰鬥武器，最後成為彎曲的勾子狀。這樣的勾狀下顎尤其在公魚身上特別明顯，牠們會在一爭高下的激烈打鬥中使用這種武器，有時候也會因而喪命。不過這樣的打鬥並不是公鮭魚生小魚的唯一方法。因為就算在太平洋鮭當中，也有公的大西洋鮭。

這句話的意思是，大西洋鮭和太平洋種銀鮭的公魚都可以分成兩類：一種是會迴游、在海洋裡進食、下顎倒勾的戰鬥型，另外一種是比較小、比較年輕、類似青少年的公魚，牠們不會遷移到海中，而是一直住在淡水，並在此達到性成熟。這些穿短褲早熟的小白臉只是打雜的，偶爾牠們之間也會有點小衝突，不過這些雜魚並沒有傷害性。相反的，牠們的交配策略是偷偷摸到母魚的家附近然後躲起來，等到牠選上的交配對象產卵時，抓住機會在母魚眼前瘋狂射精。

公魚的各種交配策略似乎都能成功。即使這些雜魚不需要付出遷移到大海的高昂代價，但有彎下顎的鮭魚並不會因而消失，因為雜魚需要靠牠們吸引母魚產卵，所以如果從大海迴游的彎下顎鮭魚變少，留在淡水的這些雜魚也沒戲唱了。另外，彎下顎的公鮭魚繁殖成功率還有一個先天上的限制：當牠們數量變多時，彼此間的衝突也會增加，雜魚便會獲得相對的優勢。[25]因為銀鮭是單次繁殖的，所以活在淡水裡的雜魚會比彎下顎的公魚早死。以會重複繁殖的大西洋鮭而言，生活在淡水的雜魚因為拖延自己遷移到海裡的時間，無法成功繁殖的機率也跟著增加。[26]不管你怎麼看，為了繁殖，不可避免地都必須付出無法生存的代價。

植物會出現單次繁殖也是因為兩種規模經濟的機會所導致：避免種子被捕食，以及吸引授粉昆蟲。竹子是透過風授粉的，某些種的竹子可能會把開花的時間延後一百年以上，然後一次投入所有蓄積的能量，產生超級大量的種子。竹子是禾本科植物，所以它們的種子很好吃又有營養，就像麥子一樣。所有動物都會在竹子產生種子的時候，趁機大吃特吃這種珍稀美食。如果竹子定期產生少量的種子，那麼一下子就會被吃光，一顆也不剩；但是透過同時產生大批的種子，讓掠食者吃不勝吃，有些種子就能逃過一劫。我們不知道竹子為什麼能做到同時開花，但是它們似乎有某種內在的生理時鐘，因為被種在世界各地的同一種竹子，會在同一年裡開花並死亡。[27]大貓熊只吃單次繁殖的竹葉，因此這種瀕臨絕種的動物偶爾會出現餓死的情況，因為牠們無法從竹子同步死亡的地區，移動到沒有同步死亡的竹子所在地。[28]

和開花的竹子一樣，同時脫離地底的保護期，湧上地面交配、產卵、死亡的大量周期蟬，對掠食者來說也是很豐富的營養大餐。有些族群會在十三年後出現，有些是十七年，但是這些不同批的幼蟲永遠不會同時出現。周期蟬利用在一個區域裡同步出現的方法，讓自己在數量上壓過掠食者。因為牠們出現的量太大了，以至於牠們死去的時候，腐爛的身體會讓土壤的氮含量飆高，滋養樹林裡的植物。[29]實驗已經說明了這種同時性是如何達成的。調查人員誘導蟬所寄宿的樹，使樹多了一次生長周期，在一年裡製造兩次「春天」，欺騙十七年周期蟬的蛹，讓牠們提早一年冒出土壤。周期蟬會數牠們寄宿的樹經歷的春天生長周期，等數到十七的時候，就會集體大喊「出發！」

在某些環境裡，植物必須彼此競爭，吸引傳粉媒介幫它們的花朵授粉，所以長得愈大的，愈有吸引力。為了產生大量的花朵，植物必須儲存資源，延後繁殖，直到開花的量足以一鳴驚人，達到適當的大規模經濟才行動。生長在墨西哥以及美國西南部沙漠的龍舌蘭，是眾多單次繁殖的龍舌蘭物種之一。[30]生長在非洲肯亞山亞高山帶的巨人半邊蓮，以及安地斯山高處的草本植物水絲麻，也都是會先生長幾十年，等到體型夠大後再一次投入一切，大規模開花的植物；這是天擇讓它們吸引當地昆蟲與鳥類的方式。

單次繁殖雖然不常見，但卻是一種讓人有所啟發的生命歷史。這是繁殖的代價限制壽命的終極表現，也讓人了解環境中的條件，如何讓極端且自相矛盾的繁殖行為得以演化。大部分的生物都不是單次繁殖的，但是可重複繁殖的生物也會受相同的演化力量所左右，也許會因此而死，也許會受到保護，但這種演化的力量也會塑造它們的生命歷史，這就是我們將在下一章討論的主題。

8 活得快，死得早 步調

每晚我身處不同城鎮
我生性習於逃避
匆忙的生活總讓我停不下腳步
我把握機會，因為我只會早逝

——毒液樂團，〈活得像天使（死得像個惡魔）〉[1]

活得快，死得早。這是搖滾歌手的叛逆人生哲學，除了一再出現在他們的刺青上之外，也會在他們英年早逝的訃文中看到這句話。如果搖滾樂手自成一個物種——也許他們真的也是——那麼研究他們的生物學家一定會記錄到一個奇異的巧合，也就是很多搖滾樂手都死於二十七歲。[2] 死於二十七歲的基因，或是天分，似乎源自於藍調吉他的祖師爺強生（1911-1938）。電吉他的先驅罕醉克斯（1942-1970）享有盛名的時間也一樣長；搖滾樂女王賈普琳（1943-1970）的死亡時間跟他差一個月，也是二十七歲，不過兩個人都比滾石合唱團的瓊斯（1942-1970）長命一點點。美國搖滾樂團「門戶」的主唱莫里森緊接著在隔年死去，得年二十七歲。比較近期的還有英國的節奏藍調歌手艾美懷絲（1983-2011），在她二十八歲生日的前幾個月去世。

根據記載，二十七歲俱樂部的死因包括番木鼈鹼中毒（強生）、溺水（瓊斯）、窒息（罕醉克斯）、海洛因過量（賈普琳）、心臟衰竭（莫里森），以及酒精中毒（艾美懷絲）。[3]在這個排除外人的亡故俱樂部裡，至少有四十個比較不出名的成員，全都是活得快死得早的代表。搖滾樂手打從骨子裡知道，決定生命長短的是活著的步調；活得精采，就不可能活得長命。令人哀傷的是，有些掃興的統計學家沒別的事好做，還真的去驗證了這個搖滾樂手傾向死於二十七歲的假設，並且發現這是一個假象，至少在英國樂界是如此。[4]不過這項研究還是發現，音樂家在二三十歲時的死亡率，是整體人口的兩倍到三倍，因此搖滾巨星通常英年早逝並不是一個迷思。

但是和其他的哺乳類相比，搖滾樂手的生活根本是痛苦地緩慢又拖泥帶水。如果我們用體重來比的話，一隻尖鼠消耗熱量的速度是一個搖滾樂手的二十五倍。或者換個方式來說，一隻尖鼠如果有一個人那麼重，那牠所能產生的能量，足以提供假想中的滾石、門戶、罕醉克斯，加上艾美懷絲的樂團，一共二十五人的樂團大集合所需要的能量。[5]尖鼠是小型哺乳類，牠們對於食物的需求非常強烈，需要消耗足夠的食物，才能維持這種高耗能的生活方式。牠們每天必須吃下自己體重兩倍或三倍重的食物，十二個小時沒吃東西就足以讓牠們餓死。相較之下，人類只喝水還可以活幾個禮拜。印度社會與政治運動份子甘地在七十四歲高齡時，還能禁食二十一天。

尖鼠對食物難以滿足的需求背後有兩個原因：體型小，以及偏食只吃昆蟲。哺乳類和鳥類都是恆溫動物，所以牠們的生理會維持固定的體溫。調節體溫就像是冬天要讓你的房子裡保持溫暖一樣，必須讓內部產生的熱與流失到外部的熱達到平衡。體內細胞藉由燃燒葡萄糖產生熱能，並且透過皮膚表面發散喪失。體型會影響這個平衡，因為產生熱能與喪失熱能這個相對的過程，會隨著體型變大而出現規模上的差異。

我們可以想像一個球形的身體（你可以先想像圓滾滾的睡鼠，或某些歌劇演唱家的體型，再稍微發揮一點點想像力就好了），體內可產生熱能的細胞總量是和身體半徑成比例，但是發散熱能的表面積卻是與半徑的平方成比例。現在有一個假設半徑只有〇．二五公分的球體，和一個半徑二十五公分的球體，兩者相比，小球體的體積與表面積的比例是一比一，但是大球體的比例是一百比一，為了達到相同的溫度，體型小的生物必須產生的熱能強度是體型大的生物的一百倍。這代表尖鼠要維持體溫非常困難，而鯨魚要保持涼爽也不容易。

要讓小型哺乳類產生夠多維持生命的熱能的唯一方法，就是不斷為爐火添加燃料。所有的小型哺乳類都是如此，但是尖鼠又有一個額外的問題：牠們吃的昆蟲熱量並沒有特別高。吃種子類的小型齧齒類動物過得比食蟲動物輕鬆多了，因為種子富含脂肪和澱粉等能量豐富的化合物。如果說吃種子的動物是用瓦斯燒飯，吃昆蟲的動物就是用蠟燭在燒飯。不過兩者都是因為體型小，所以活得比較快。

大型動物如果以小型動物的速度生活，就會燃燒成火團；以這種速度活的鯨魚，新陳代謝所產生的熱量會把周圍海水都煮滾。這種事沒有發生，因為隨著體型增加，新陳代謝的速度就會降低。尖鼠的心跳速度很驚人，每分鐘六百下以上，而大象的心跳速度是平緩的每分鐘二十五下。[6]一九〇八年，德國生理學家魯伯納（1854-1932）公布了新陳代謝速度與長壽間的關係的研究結果，他相信這份研究提出了一個黃金準則：活得快的動物死得早。

魯伯納測量了五種人類馴養的哺乳類新陳代謝的速度，牠們的體型從天竺鼠到馬都有，壽命也從六年（天竺鼠）到五十年（馬）不等。小型動物新陳代謝的速度比大型動物快，但是魯伯納的計算顯示，如果你以每三十公克的組織為單位來比較牠們一生當中使用的總能量，短命的天竺鼠和長壽的馬所使用的能量是差不多的。我們甚至能用這條規則來比較尖鼠和搖滾巨星：尖鼠燃燒能量的速度是搖滾巨星的二十五倍，但是通常活不到一年。所以搖滾巨星在進入二十七歲俱樂部之前，細胞大約也是在二十五年左右就能燃燒掉相同分量的燃料。

魯伯納的新陳代謝實驗似乎顯示，生命的長度可能是以某種方式受到能量消耗的限制所決定。如果不同物種的個體一生中可以消耗的能量大約是固定的分量，那麼壽命的長短就會根據這些能量多快用完而決定。魯伯納的概念直覺上是很吸引人的，如果你把身體想成一台機器，那麼就能接受運作得愈快，耗損得愈快的觀念。不過我們現在已經知道，如果討論的是衰老，那麼這個機器的比喻就會令人誤解（見第六章）。可是就算我們接受了這個比喻，又是為什麼能量會有定額限制，或者細胞使用能量的能力會有限制呢？

魯伯納提出的生命速度假說，被波爾（1879-1940）大肆宣揚與提倡。波爾是一位很有影響力的美國生物學家暨統計學家，他也是一位多產的作家，曾經出版過十七本書與七百篇文章，他的作品無所不在，從優良的《家庭婦女期刊》到深奧的《美國國家科學院院刊》都有。他選擇寫作的主題也無所不包，從癌症到羅馬甜瓜、家禽到人口成長都有，但他抱持的信念只有一個，那就是不管問題是什麼，數字都是解決的方法。很不幸的是，他得到的數字或是對數字的解釋並不一定是對的，但他對於指出這一點的人，可以說是不遺餘力地反擊。[7]他最糟糕的一個錯誤，就是在他任職的約翰霍普金斯醫院，對解剖紀錄做出錯誤的分析，並提出一個嚴重的謬論：肺結核可以預防癌症。這個分析結果使得許多癌症末期的病患，被注射了從結核菌所衍生出的物質。雖然這些病患都死了，但是他還是認為這項治療是成功的。[8]

波爾的數學頭腦會對生命長度與死亡率有興趣也不令人意外，因為這兩件事都很自然地會被量化。從他在二十四歲發表第一份以死亡率為主題的論文以來，波爾總共發表了十六篇以此為主題的論文。最後一份是他過世後一年，一系列以《生命長度實驗研究》為名發表的論文之一。波爾一直在追求生死法則的數學解，[9]他在一九一九年加入巴爾的摩的約翰霍普金斯醫院的醫療團隊，但在進駐短短三個禮拜後，他就受到了重大的打擊，因為他為了進行長期的老化研究所準備的所有資料、文件，甚至實驗用的小鼠，都在實驗室的大火中付之一炬。[10]在這場大災難過後，波爾重新振作，向其他科學家求助，希望他們幫助他重建他的研究資源，並且轉而研究果蠅，因為果蠅短暫的生命可以比較快得到研究結果，讓他能立刻開始埋首於工作。

可是波爾的生命不是只有工作而已，他還是「周六夜俱樂部」的活躍成員。這個俱樂部的聚會地點，是諷刺作家暨新聞記者曼鏗在巴爾的摩的家；他們狂歡豪飲，俱樂部的盾形徽章圖案是由香腸、龍蝦、啤酒杯和小提琴組成，旁邊的裝飾則是洋蔥和德國椒鹽脆餅。俱樂部聽的音樂是由當地音樂學校的學生所演奏，而且波爾也是其中一員，負責演奏法國號。雖然不是很搖滾，但也很接近了。有一次，俱樂部的樂團打算連續演奏貝多芬的前八首交響曲。演奏到第五首的第一樂章時，波爾的法國號開始不斷破音。[11]依照波爾的習慣來看，他應該會想要研究一下管樂器的死亡率，或者至少研究演奏者的死亡率，不過這似乎是少數他從來沒想過要做的統計研究之一。

當時還是美國的禁酒時期，所以周六夜俱樂部的啤酒是偷偷在曼鏗家的地窖釀的，這些罐子總是會因為發酵的壓力而爆裂。[12]波爾似乎是第一個研究酒精對死亡的影響的科學家，甚至還研究了酒精對幼苗生長的影響。[13]他發現適量攝取酒精並不會縮短生命，這個發現已經被一些比較近期的研究證明為真，這些研究甚至也顯示適量喝酒可以延長生命。[14]後來波爾也是最早證實就算只是適量抽菸，也對壽命有害的人。[15]這兩件事使他得到一個扭曲的觀察結果，也就是他要戒菸，喝更多酒。

波爾將他一九二六年出版的《酒精與長壽》一書獻給周六夜俱樂部的成員，[16]這些人一定很樂於用見底的啤酒杯來看書中的結論。在禁酒時期，這本書的獻辭對於當局來說可能是一個大膽的挑釁，不過波爾在當時以獨立思考聞名，因為他經常在比較新聞性的文章裡，用科學來破除迷思。波爾甚至在普立茲獎中也登場過——美國小說家路易斯在一九二五年出版的得獎小說中，與小說同名的主角阿羅史密斯博士就曾經向波爾求助。根據書中的描述，波爾是對阿羅史密斯博士找到鼠疫解藥的證據存疑的人。[17]

波爾利用果蠅和羅馬甜瓜的種子進行實驗，研究活著的速度與壽命之間的關係。和過去的先進前輩一樣，他發現在低溫生活的果蠅會比在溫暖環境的果蠅長壽，而因為寒冷的果蠅不太會動，所以波爾的結論是：減少活動就能延長生命。波爾最厲害的就是用他超簡單的研究，得到超級重要偉大的結論。所以當他把甜瓜的種子種在黑暗、缺少養分的地方，然後發現這些種子生長得比較慢，活得比較久的時候，他便認為這進一步證明了這條通則：活得快，死得早。

波爾在《活著的速度》（1928）這本書裡提出的結論是，所有證據都指向一個事實：「生命的長度與活著的速度恰好相反。」[18]波爾相信，這是舉世皆然的生命規則，也能解釋人與人之間的壽命差異。然而，他警告這些閱讀他的文章，或是前往他名為「死亡生物學」系列講座的科學觀眾，關於人類職業、能量消耗，以及他們活多長之間的關係的資料，幾乎無法解釋、也不能用來證明這個理論。[19]可是沒過幾年，他就很高興地在《巴爾的摩太陽報》發表一篇大受歡迎的文章：〈懶惰的人為何比較長命〉。[20]波爾本人只活到六十一歲，不過也許我們可以打趣地說，如果他夠懶惰，沒有寫這些胡說八道的話，他可能還可以活得更久。

就算波爾對於推廣生活速度假說有點太投入了，不過別的領域也逐漸累積了一些支持他論點的證據。水蚤的身體是透明的，所以研究人員可以觀察在不同溫度的容器裡，這種小甲殼動物到死亡之前的心跳到底有幾下。當然，水溫愈低，水蚤就會活得比在溫暖環境中的水蚤久，而且和牠們的心跳變慢的程度完全成比例[21]——這更確認了生活速度的假說。而心跳與壽命這種反比關係實在太明確了，讓人懷疑這些小生物說不定是從波爾的書裡抄答案的吧。至於哺乳類，目前收集到的許多物種新陳代謝率資料，已經足以彌補從天竺鼠到馬中間缺漏的部分。延伸這些資料，涵蓋更小與更大的動物後，也證明魯伯納所發現生命長度與能量消耗的關係是通用於各種動物的。

到了一九五〇年代，生活速度假說似乎已經相當穩固，剩下的大問題是：到底是什麼限制了有生之年的能量消耗，並以此限制了生命的長度？波爾相信，細胞內必定有某種與維持生命有關的分子，而且是會用完的，只是他沒有能力去計算那是什麼。接著在一九五四年，加州大學柏克萊分校的哈曼醫師提出了一個不一樣的看法。哈曼對於老化的普遍性感到疑惑，而因為他曾在殼牌石油以化學家的身分工作了十五年，之後才去念醫學院。所以他完全能以化學的角度來思考這個問題。在苦思這個問題四個月之後，他終於靈光一閃，想到了答案。[22]

哈曼提出，壽命長度的限制並非如波爾所想的來自於化學合成物的消耗，而是因為新陳代謝的過程中，產生某種特定分子造成的傷害累積後的結果。罪魁禍首就是稱為「自由基」的這種分子，每當醣與氧結合釋放出化學能量時，就會產生自由基。這種化學反應稱為有氧呼吸，是一種受到高度控制的燃燒過程。有氧呼吸就像空氣中所有的燃燒一樣，會產生危險的副產品——大概也只有像哈曼這種曾在石油公司工作過的化學家才想得出來。也許這也是為什麼從他在一九五六年發表這個理論後，[23]將近有十年的時間，根本不了解化學的生物學家不是忽視這個理論，就是對之嗤之以鼻。過了二十多年後，這個想法才開始引起大家的注意，並且很快地如野火燎原。

自由基是帶有未配對電子的小分子。電子是渴望同伴的帶負電荷粒子，因此自由基非常容易發生化學反應。哈曼認為，會造成細胞問題的那種自由基裡面的氧原子，有一個未配對電子。這種氧自由基具有破壞的潛力，因為它們會附著在細胞的分子上，使細胞氧化，阻止它們從事重要的生物功能。家庭用的漂白劑是一種氧化的媒介，能對於生物物質，也就是電視廣告所謂的頑固汙漬，造成類似的效果。想像細胞裡有這種氧化能力的自由基，你就會知道它們大約會造成什麼樣的傷害了。氧自由基幾乎會破壞細胞中所有重要的分子，包括脂肪、蛋白質，以及形成DNA和RNA的核酸。對DNA造成的傷害會隨著年紀累積，但是就像一些科學家所說的，這樣的傷害到底是不是老化最重要的成因，至今還不是很清楚。[24]

哈曼的自由基老化理論為生活速度假說補上了失落的那一塊拼圖。這兩個理論加在一起，就像一台高效率機器的齒輪上了油一樣運作良好。生活速度假說認為，生命的長短原本就受到新陳代謝的負面影響限制。在「活著」的這台機器上，以一分鐘六百次心跳的速率奔跑，很快就會被死亡追上；放慢大型哺乳類的生命速度，拿著鐮刀的無情死神就會延後來訪。自由基理論則解釋了為什麼活著的速度會對壽命長短有這種影響。有氧呼吸是和魔鬼簽的合約：不這麼做你當然活不了，但是你也不可能靠著它永生不死。你在生命之火中燃燒的每一卡路里，都是為你未來的火葬添柴加薪。很奇妙的是，這也不是新鮮事了。莎士比亞寫過一首十四行詩，將老年與火焰的餘燼相比：

在他青春的灰燼上躺臥
在臨終病榻上終將消逝
被曾滋養它的烈焰所銷毀。[25]

到了二十世紀末，這兩個老化的理論終於合而為一。生物學家搜遍這台上了油的機器各個角落與縫隙，揭開生存機制在每一個分子層級的細節祕密。[26]哈曼的自由基假說的重大轉捩點，是在一九六九年發現的一種細胞內酵素，這種酵素能把最強大的氧自由基轉換成較無害的分子，被命名為超氧歧化酶（superoxide dismutase，簡稱ＳＯＤ）。另外也發現了許多抗氧化劑，包括其他酵素及一些從水果和蔬菜飲食中衍生的抗氧化小分子。這支由細胞組成的對抗自由基軍隊，讓哈曼相當於獲得了最高當局——也就是大自然——的背書，確認這些自由基是危險的。不過這樣的背書應該也敲響了警鐘：如果細胞本來就受到良好的保護，可以對抗自由基，那麼哈曼所提出的自由基會造成威脅的理論就是對的；但是自由基對於老化實際造成的影響，可能也不如他所推想的那樣，因為大自然也許已經解決了這個問題。

這時候在田野調查的環境裡，生物學家正在利用某些動物，進一步檢視新陳代謝率和壽命之間的關係，因為這些動物似乎不照著波爾的劇本走。一九九一年在哈佛的阿斯塔德與費雪注意到，符合新陳代謝率與壽命關係的物種，大部分都是陸生的胎盤哺乳類。那麼其他的哺乳類也是這樣嗎？蝙蝠的壽命是同體型陸生哺乳類的三倍，而袋鼠與負鼠這些有袋哺乳類，壽命大約比同體型哺乳類短百分之二十。根據生活速度假說，蝙蝠的新陳代謝率應該比壽命較短的陸生哺乳類慢，有袋類的新陳代謝應該比較快，才符合牠們壽命較短的情況。但是阿斯塔德與費雪發現事實並非如此。蝙蝠的新陳代謝率和同體型、壽命較短的陸生動物是差不多的，而以體型和壽命來看，有袋類的新陳代謝其實比預期的還慢。不只如此，連會冬眠保存體力的那些蝙蝠與有袋類，也沒有證據顯示牠們的壽命會因此比較長。[27]鳥類的壽命又比蝙蝠更多變。和陸生動物相比，牠們不只活得比較久，新陳代謝率也是陸生動物的兩倍以上。[28]

推翻生活速度假說的最後一擊，來自哈佛的馬加良斯。他收集各種動物的壽命資料，整理出一個名為「年齡紀」（AnAge）的資料庫，在本書寫作的時候，資料庫裡已經有超過四千個物種的壽命資料。[29]在二〇〇七年，也就是魯伯納率先開始研究野兔後整整一百年，「年齡紀」資料庫的全面分析終於顯示，對於鳥類、有袋哺乳類來說，只要不考慮動物的體型，那麼壽命與新陳代謝率間是沒有相關性的。[30]換句話說，波爾的生活速度假說是建立在錯誤的前提上的。他認為壽命與新陳代謝率間存在的關係，其實是新陳代謝率與體型間的關係所造成的；此外，他也受到了自己所能研究的物種有限所影響。

不過，波爾整理出來的生活速度假說的那些實驗例子又怎麼說呢？其實沒什麼幫助，因為波爾做的那些簡單實驗也許真的具有重大意義，但是波爾的結論太單純了，因為他忽略了還有其他可以解釋這些結果的可能性。在冷卻果蠅的實驗裡，他忘記冷卻會讓所有的生理過程都變慢。因此，在寒冷的環境中，果蠅的活動力與死亡率都會降低，這樣的實驗並不能證明其中一個變慢是造成了另外一個變慢的原因。降低溫度可能使得另一個未知的、和活動力無關的老化過程變慢，卻可能是果蠅實驗中真正造成壽命延長的原因。這就是所謂的「第三變因問題」。如我們所說，波爾和其他科學家在分析新陳代謝率與壽命間的關係時，都被這一點給蒙蔽了。在這個例子裡，第三變因很明顯是體型。

以波爾的甜瓜實驗來說，因為實驗環境是受到極大限制的人為環境，所以結果一點都沒什麼了不起，頂多就是說明在極端飢餓的情況下，運用有限資源來生長的速度，會決定幼苗存在的時間長度。回想第五章曾提到，比較近期的植物實驗顯示，快速生長也會提高死亡率，不過這只會在有壓力的條件下發生。「時機不好時，活得快，死得早」，這並不是波爾在尋找的普世法則，但的確暗示了一個我們到現在都忽略的東西：環境的條件，以及這對於壽命的影響。

生活速度假說已經壽終正寢了，新陳代謝率不會決定壽命長度。然而，與新陳代謝率相關的體型大小似乎的確會影響壽命，所以我們來深入看看這個部分。如同我們在第二章所看到的，體型會影響壽命的觀念早在古希臘時期就曾由哲學家亞里斯多德所提出，但是「愈大的動物活得愈久」這條規則，還是有些很顯著的例外，但這些例外卻非常有用，裸隱鼠就是一個例子。這種小型的齧齒類動物壽命，比齧齒類中體型最大的水豚還要長兩到三倍。隱鼠正如其名，住在地底，免於受到很多掠食者的攻擊（但有些蛇可就躲不過了），這種生活方式似乎和地底類哺乳類一般來說壽命較長有關。[31]

如前所述，蝙蝠和鳥類的壽命通常比不會飛的同體型動物長。飛行和遠離掠食者是不是造成這種差異的原因呢？要驗證這個假設，最好的例子就是不會飛的鳥，牠們在演化過程中，用飛行的能力交換了更大的體型。這種演化的轉變在不同的海島上都曾經出現過數次，因為這些地方的鳥類在人類和鼠類出現之前，是沒有天敵的。身為絕種象徵的渡渡鳥就是一個例子，牠們的體型接近火雞，是不會飛的鴿子，在印度洋的模里西斯島上演化。喪失飛行能力是否讓這種鳥的壽命縮短呢？我們不知道渡渡鳥的壽命，但是有兩種不會飛的鳥現在依舊存在，而且我們已經測量過牠們的壽命。體型可以長到九十公斤的鴕鳥，在圈養的條件下可以活到五十歲。對於這種體型的動物來說，這相當長壽了，但以鳥類來說卻不算特別長壽。非洲灰鸚鵡的體重大約只有四百五十公克，但是五十歲是牠們的最低年齡。另外一種我們可以拿來比較的不會飛的鳥是鷸鴕，牠們最大可以長到三十六公斤，但是只能活十七年。旅鶇也差不多，但是旅鶇的體重只有七十公克。顯然體型不是一切，而且飛行的能力似乎真的可以延長壽命。

除了體型較大，以及躲在地底或飛行的能力之外，與較長壽命相關的特徵還有讓動物變得不好吃的化學防禦、[32]冬眠、[33]哺乳類在樹上生活的方式，[34]以及烏龜身體的盔甲。[35]這些不同的特徵告訴了我們什麼？唯一可以說明體型以及其他各種特徵綜合起來對壽命有正面影響的解釋，似乎就是它們都保護動物免受掠食者侵害。值得一提的是，威廉斯在一九五七年發表了關於衰老演化的論文，裡頭就已經提到這樣的模式，但當時，其他人幾乎都相信有缺陷的生活速度假說。[36]

威廉斯的論點是：天擇偏好留下最多後代的生物，所以想知道某個生物可以留下的後代數量，就可以把壽命分成連續性的幾個年齡層，並且把每一個年齡層留下的後代數量加總起來。這是一個很簡單的觀念，但我要用一個比喻，進一步解釋這個觀念當中重要的幾個複雜之處。

壽命就像是由數個車廂組成的一列火車，每一節車廂代表一段生命。（我也可以把每一個年齡都當成一節車廂，但我不會這麼做的！）在火車的最前面是引擎，代表的是生命的青少年時期。引擎這節沒有乘客，但是對於後面車廂裡乘客的命運卻非常關鍵。如果把乘客想成後代，你就知道如果沒有引擎，後面車廂裡也不會有乘客了。我們想知道這輛火車，也就是壽命，會有多長，所以我們就先假設引擎是一定會存在的。對壽命造成影響的天擇，對於不離站的引擎是不會有興趣的，因為這樣一來就不會有後代出現，所以我們當然也不在意這一類的引擎。

在功能正常的引擎後面，有十節的車廂，用很脆弱的鐵鍊相連，可能隨時都會斷裂。第一節車廂代表最年輕的成人年齡層，第十節代表最老的。這輛車的駕駛就是天擇，他會讓乘客在火車開動前上下這十節車廂。在前往下一站的途中，如果有一個連結斷掉了，在這個車廂之後的所有後代（不要用乘客的比喻了）就都會消失。如果你負責安排這樣的火車乘客位置，而且希望盡可能把最多的後代運到下一個車站，那麼你會怎麼分配各車廂裡的後代數量？

這個問題很容易回答：利用比較年輕的車廂，避免使用比較老的車廂。第十節車廂代表了最老的一個年齡層，也是最有可能遺失的一節車廂，因為在它和引擎之間還有九節車廂，以及十個脆弱的連結。如果每一個連結壞掉的機率相同，那麼和第一節（最年輕）的後代相比，在最後一節的後代無法存活的機率是前者的十倍。這也是梅達華推論出來的論述：年老對於天擇來說不怎麼重要，因為年老的生命對於產生下一代的貢獻極小。

對於我提出來的問題，你可能會提出這樣的答案：「我會把所有後代放在第一節車廂裡。」如果可以的話，這當然是最保險的做法。不過車廂是有限制的，而你有很多後代要安排，所以你必須要分配他們的位置。現在的問題是，你願意冒險把後代放到第幾個車廂為止？這個問題的答案會根據連結有多脆弱而定。如果連結斷裂的風險很高，那你可能會把這輛火車當作很短的火車，只在幾個車廂裡放後代而已。火車很短就等於壽命很短。如果連結斷裂的風險很低，那麼可以安全載客的車廂數量就比較多，火車以及其所代表的壽命也就比較長。

現在，要完成這個比喻所需要的，就是揭曉這些不可靠的連結所代表的「成人外在死亡風險」。「外在」指的是在生物的控制之外的風險來源，不過生物可以躲避、逃離這種風險，或是透過體重來保護自己。從比喻回到現實，我們就能知道威廉斯為什麼會預測成年個體的高死亡率，會使天擇偏好較短的壽命，而成年者的低死亡率，會使天擇偏好較長的壽命。

不過在這裡響起了示警的哨音。當你想冒險跨越平交道的時候，上行和下行兩邊都要注意，不然你可能就會被從山坡開下來的火車給碾過去了。我已經描述了決定生命長度的演化過程，雖然天擇是以某種具目的的性、以目標為導向的方式選擇要讓乘客裝在幾節車廂裡，不過這個觀念其實會令人誤解，而且不能只就字面來思考。其實天擇對於車廂怎麼裝一點都不在意；在平安到達終點之前，它也不會數後代的數量。畢竟世界上有成千上萬，甚至上百萬、數十億的火車，而能運送最多後代的火車，在下一個車站就會被複製，也就是產生後代；而比最佳數量長或短的那些火車，只能默默地在被忽視的支線上停下來。

比較生活速度假說與剛剛所描述的死亡率假說，兩者間很重要的一個差別是，後者比較明確地講到壽命是怎麼被天擇所決定的，而前者對這個問題則沒有任何說明。死亡率假說預測了各種生命歷史形式是一個連續體，從快速連結兩世代的短命快車，到在兩個世代車站間慢慢開的長壽慢車都有。

生活速度假說預測壽命與新陳代謝率是反比關係，但是這個預測卻因為學者發現鳥類這些動物的新陳代謝快，但壽命也長而被駁斥了。死亡率假說認為「活得快，死得早」確實是生命的規則，但是「快」或「慢」指的並不是新陳代謝，而是以世代時間所衡量的生命周期的速度。根據這個定義，蝙蝠和鳥類的生命歷史平均而言比陸生哺乳類慢，而不是比較快。

要測試死亡率假說有個問題，也許你已經想到了：面對死亡率較大的群體，難道不是一定會有比較短的壽命嗎？確實，因此要證實這個假說是否正確所需要的適當測試，不只要指出成年個體的死亡率與壽命長度相關，還要顯示演化為了回應死亡率所帶來的影響而改變了衰老。

測量野生群體的衰老速度需要長期收集許多個體的詳細資訊，所以相較於簡單的統計壽命，取得這些資料是比較困難的。不過現有的鳥類和哺乳類的資料確實顯示，情況一如我們所預測，在死亡率比較高的群體中，衰老的速度也比較快，[37]而且世代時間相同的鳥類和陸生哺乳類，衰老的速度也一樣。[38]這些發現顯示，如果陸生哺乳類平均的生命歷史比較快，那麼一定是因為哺乳類的平均世代時間比較短；反過來說，也一定是因為哺乳類平均的成年個體死亡率比較高。

目前為止，死亡率假說好像都很合理，但是相關性可能也會騙人，一如現在已經被唾棄的生活速度假說就是被相關性誤導的產物。如果能有些實驗證據就太好了，而一如往常，果蠅很樂意效勞。果蠅實驗是在大約兩百三十五毫升的玻璃瓶中進行，有點像是以前的牛奶瓶。每個瓶子裡放了標準分量的食物以及固定數量的果蠅卵。這些卵孵化後會變成小蛆，牠們大啖食物的時候，會在食物上製造出很多小隧道。一個禮拜後，這些蛆都長大了，牠們會爬到瓶子的側面，固定在玻璃上形成蛹。每一個蛹殼裡面都在發生很特別的變化：蛆的組織變黏稠，重新組成成年果蠅的複雜構造。一個禮拜後，這個神奇的變形就完成了，成年果蠅破蛹而出。

你可能會認為這個實驗聽起來實在太簡單了，沒有什麼地方會出錯吧。但就算是像「外在成年死亡率會不會造成壽命縮短」這麼直接的問題，最大的挑戰就是設計出一個能給出明確答案的實驗，困難之處則在於要能排除麻煩的隱藏第三變因。舉例來說，如果實驗者能從這些瓶子裡挑出一些果蠅，提高牠們的死亡率，但是同時卻降低了被影響的瓶子裡的果蠅群體密度，那麼這種非刻意造成的擁擠程度減少，也會和刻意的提高死亡率同時出現。若果蠅壽命受到任何影響或是沒有影響，原因可能會是群體密度的改變，也可能是死亡率的改變，或是兩者綜合後的結果。

這一類的問題在過去詮釋實驗結果時無所不在，所以直到二十世紀末，所有實驗的瑕疵才真的被消除，死亡率假說也才真正提出了一個明確的測試方法。[39]實驗者每個禮拜從瓶子裡挑出果蠅兩次，但每次挑選後都會再加入新的果蠅，維持原本的群體密度。以低死亡率處理的果蠅，有百分之六十四的機會可以存活一個禮拜，而高死亡率處理的果蠅，存活一個禮拜的機會只有百分之一。這個實驗進行了五十個世代，以人類來說，相當於一千年的時間。在這麼多個世代之後，受到高死亡率處理的果蠅是否演化出比較短的壽命呢？要知道這個問題的答案，實驗人員把果蠅從實驗中移出，讓牠們在新的瓶子裡產卵，並且測量這些新生果蠅在一百天裡的自然死亡率。在這個實驗裡，群體的密度也依舊維持一致，他們會用新的果蠅取代死去的果蠅。最後數果蠅的時候，「外加」的果蠅因為眼睛顏色不同，所以會和原本測試的果蠅分開計算。

如同死亡率假說所預測的，果蠅的壽命會因為加諸了高外在死亡率而大幅縮短，不過挑選五十個世代所帶來的改變其實很小。受到高死亡率處理的果蠅壽命平均只有四．五天，和外在死亡風險較低的環境中的果蠅相比，相當於短了百分之七。受到高死亡率處理的果蠅也會改變牠們產卵的模式，和受到低死亡率處理的果蠅相比，牠們在較年輕的時候就會達到產卵高峰。

暴露在較高死亡率環境中的果蠅之所以壽命較短，在短短的五十個世代裡，不太可能是因為新的或晚期發生作用的突變累積的結果。相反的，天擇必定已經選擇了會提早繁殖的突變基因。如同我們在第六章中看過的，生物為了繁殖所付出的代價，通常是放棄之後的生存，所以受到高死亡率處理的果蠅會提早繁殖，而這也許才是牠們壽命縮短的原因。[40]這當然也是野草的壽命適應高死亡率的方式，因為植物並沒有個別的體細胞，因此排除了梅達華的衰老理論。

簡單來說，野草的定義就是「長錯地方的植物」，大多數時候都是個隨意貼上的標籤，因為誰又能說「錯的地方」是哪裡呢？不過「野草」這個標籤是一個很好的指標，代表園丁會對這些植物帶來外在死亡率。比較野濫縷菊和野捲耳這兩種常見野草的死亡率，研究人員發現在園丁辛勤除草的英國植物園裡，這些物種的壽命遠比生長在野外的同物種植物來得短。園丁似乎不經意地對野草進行了一項實驗：因為外在死亡率被提高，天擇就選擇了那些提早開花、壽命較短的野草。

適應不同死亡率的環境似乎可以解釋為什麼有兩個品種的龍膽花開花時間不同。這兩種龍膽花在過去一直被當成不一樣的兩個物種。比較早開花的那一種會在春天開花，生存在放牧活動密集的環境，只要十四個禮拜就會完成一次生命周期。比較晚開花的那一種生存在地勢比較高、比較不受干擾的草地，開花時間是第二年的秋天。研究這兩種植物的基因後，發現它們非常相似，所以應該被分類為單一物種。[41]壽命較短的早開龍膽花，只是秋龍膽花的一個形式，因為生存地點的放牧活動造成較高的外在死亡率，使得它們演化出比較短的壽命。這個發現對於植物保育具有重要的涵義，因為過去都認為，早開的龍膽花是不列顛群島上少數特有的地方性植物物種。不過即使不再是如此，英國的植物學家也許還是能感到寬慰，因為這裡的龍膽花還是西方世界生命周期最短的一種。

關於壽命演化以適應當地條件的例子，在動物與植物界都屢見不鮮。提出有袋動物與蝙蝠的新陳代謝率和生活速度假說相矛盾的阿斯塔德發現，有一個例子可以被視為是自然實驗，並能說明成年個體死亡率對於壽命的影響。他在南美洲工作時，注意到他在那邊研究的負鼠老化的速度非常驚人。「我抓到牠們的時候，牠們看起來都很好，是健康的成年個體。但我三個月以後再抓到同一批負鼠時，牠們看起來糟透了：身上都長了寄生蟲，有關節炎、白內障，簡直如風中殘燭一般。」[42]是不是高掠食率讓牠們老化得如此快速呢？阿斯塔德認為，如果他能找到一群許多世代以來都免受掠食者威脅的負鼠，他就能測試「生活在外在死亡風險較低之環境中的動物，老化速度會比較慢」的預測是否正確。所以他開始找一個有負鼠，但是沒有大型掠食者的島嶼。最後他找到了：美國喬治亞州外海的薩佩洛島。

之前對薩佩洛島上的動物調查已經證實，這裡沒有美洲豹、狐狸，或是山貓之類的大型掠食性動物。阿斯塔德注意到的第一件事，就是這座島上的負鼠不會表現出閃避掠食者的常見行為。生長在大陸的負鼠是夜行性的，但是在島上，這些動物大白天就會四處晃，而且就在地面上打盹，不像在大陸的負鼠總是會麻煩地躲在地下的洞穴裡。[43]這些動物很好抓來做標記，然後再放走。隨著資料不斷累積，阿斯塔德很高興地發現，和他追蹤比較的大陸負鼠相比，這些負鼠的老化速度大約是牠們的一半。[44]生長在大陸的負鼠只會繁殖一次，而且一次生下很多小負鼠，很少會有第二次繁殖的情況；就算有，成功率也很低。薩佩洛島的負鼠一次生的小負鼠數量比較少，但通常會繁殖第二次，並且不會失去生育能力。這樣的差異和外在死亡假說的預測一模一樣。

活得快，死得早——以此類推：活得慢，死得晚——似乎是所有生物都遵守的規則。活著的速度和新陳代謝率沒有關係，和世代的步調密切相關，而這個步調會受到成年生活的危險而調整。人類這個物種活著的步調很慢，就算是用我們的靈長類同伴的發呆標準來看，都還是很慢。為什麼演化讓我們這麼鬆懈？死亡率假說會預測，這個答案必然和我們過去的祖先在哺乳類群體中，得以逃離典型的高成年死亡率的能力有關。靈長類居住在樹上的這種生活方式，和所有以這類方式生活的哺乳類壽命較長有關。[45]因此我們一開始就有優勢了，就算我們的祖先後來離開樹木生活，都還是帶著這樣的優勢。另外一種在哺乳類當中常見的模式，就是腦比較大的物種活得比較久。[46]因此，我們緩慢的生活方式必定也和我們的機智有點關係。這些機智也是我們這個物種壽命大幅增加的原因：人類的壽命在過去兩百年裡延長了一倍。那麼我們現在有沒有智慧和科學，讓我們勝過永生但衰老的提桑納斯，達到青春永駐呢？

9 青春永駐？

機制

願你的雙手永遠忙碌
願你的雙腳永遠敏捷
願你的根基扎實
不受風向變化左右
願你的心永遠歡愉
願你的歌永被傳誦
願你永遠年輕不老

——巴布·迪倫，〈永遠年輕〉

歌手巴布·迪倫為他的小孩寫下了這段著名的歌詞。從年齡的角度來看，青春柔軟無瑕的美是一件美妙的事，也許對父母來說更是如此。只有剛剛從生殖細胞長成的兒童，才能如此強烈地提醒我們：足以讓流逝的時間重新開始的生物過程力量有多麼強大。隨著我們老去，我們的體細胞必然得承擔因年輕的豐富繁殖力所累積的後果，這是多麼殘酷的一件事啊。

數個世紀以來，哲學家都想找到一種青春靈藥讓他們能永保年輕。但是他們對於理解年老是什麼，或是年老為什麼會發生，都所知甚少，因此他們征服老化的希望也很渺茫。現在，既然我們已經了解了生理機能如何崩壞，還知道為什麼會這樣，那麼科學知識能不能帶來新的希望呢？或者只是讓悲傷再度點燃一個長久以來的幻象？

在海萊因寫的科幻小說《瑪土撒拉之子》中，十九世紀的百萬富翁霍華德發現自己提早出現老化現象，因此用自己的財富創立了一個基金會，研究如何延長人類的壽命。[1]在霍華德死後，這個基金會採行了一個繁殖計畫，專門找出長壽家庭的後代，鼓勵家族成員與他們通婚，而且只要他們生下一個小孩，就提供金錢獎勵。小說開頭的時間點，是這個獎勵制度維持了好幾個世代之後。此時霍華德家族的自然壽命已經超過兩百年，但他們的外表依舊很正常，所以這些家族成員必須編造一些藉口，對壽命正常的一般「短命」大眾隱瞞他們的真實年齡，可是困難度卻愈來愈高。當其中某些人不得不揭露自己的真實年齡時，短命的大眾卻不願意相信這種極端的長壽是數個世代以來，選擇性繁殖的後果，反而指控霍華德家族必定自私地隱瞞了某種長生不老的仙丹。這些短命的大眾想立刻解決老化的問題，不願意相信這種東西根本不存在。

這樣的情節也可以用來比喻我們在壽命科學界的現狀。如果你運氣夠好，你就能繼承容易長壽的基因；但另一方面，只要控制蠕蟲、蒼蠅，或小鼠這些動物的長壽基因，牠們的壽命就能延長。目前很清楚的是，演化延長了某些物種的壽命，也縮減了一些物種的壽命。我們人類是這個天擇過程的受益者，因為我們的壽命比其他靈長類更長。透過經濟、社會、醫療的進步，在過去兩個世紀裡，人類的平均壽命增加速度已經接近每小時十五分鐘。[2]但是我們對這樣的進展還不滿足，還想要找到一種青春靈藥。

健康食品商店裡有滿坑滿谷的飲食補充品，成分不外乎抗氧化劑等其他宣稱或暗示能減緩老化的物質。哈曼本人在一九五六年的原始論文中認為，氧自由基所帶來的傷害，也許能藉由讓細胞攝取能掃除氧自由基的抗氧化分子而減少。這在當時是個領先時代的想法，但六十年之後，這個理論並不能讓投入抗氧化飲食補充品的數十億美元合理化。針對維生素A、C、E，以及β胡蘿蔔素等抗氧化飲食補充品的有效性已經做過許多臨床測試，但都無法證明明確的益處；有些測試甚至還發現這些補充品對健康有潛在的風險。[3]

既然抗氧化劑本來就存在於均衡的飲食當中，那麼這些測試得到的一個結論應該是：大自然對自由基的問題已經提出了充分的解決辦法。此外，我們現在知道氧自由基並不只是新陳代謝的危險副產品，事實上它對於生命還有很多重要的功能，例如免疫系統的生長與發展就少不了自由基。[4]哈曼認為氧自由基可能有害的基本觀念是正確的，但是現在我們已經知道這絕對不是全貌，而且氧自由基帶來的傷害量，也就是氧化壓力，會受到身體的調節。一如往常，當你回到生物機制時，情況就變得比較複雜了。

情況之所以會變複雜，其中一個原因是應付氧化壓力有很多種方法，而且不同的生物使用的方法似乎都不一樣。舉例來說，一項研究發現，據說是動物界最長壽的北極蛤體內某些組織產生的氧自由基，確實比壽命短的文蛤少，但是其他組織產生的氧自由基卻沒有比較少。[5]同樣的一項研究也發現，雖然北極蛤比文蛤更能抵擋氧化壓力，但是兩者體內例如超氧歧化酶這類的抗氧化酵素活動，並沒有什麼差別。長壽的物種比短命的物種更能抵擋氧化壓力，但原因至今未明。

居住在洞穴裡的洞螈有張酷似人的臉，大小不過一根指頭，牠們可以活一個世紀之久，可是體內的抗氧化劑並不如長壽動物常見的高。[6]裸隱鼠也是一樣，牠們雖然是齧齒類界的瑪土撒拉，但對於氧化壓力並沒有特別的保護，因此氧化作用會對牠們的DNA與蛋白質累積高度的傷害，可是牠們的壽命卻是最健康小鼠的十倍長；牠們似乎能透過避免增生受傷害的細胞，容許這種程度的壓力存在。[7]對於氧化壓力假說殺傷力最大的是實驗室進行的一些實驗，實驗結果顯示利用基因操縱小鼠和線蟲的抗氧化劑高低，會影響牠們體內氧化壓力的程度，但對於動物的壽命並沒有影響。[8]

乍看之下，這些證據似乎把氧化壓力可能會影響壽命的說法打趴在地，可是實驗室裡的實驗是有限制的，畢竟我們先前已經看過一些例子，應該要將這一點謹記在心。最早揭露基因可以延長線蟲壽命的實驗，似乎顯示長壽基因對牠們沒有任何負面的後果，牠們也不需為了繁殖付出任何代價（見第二章）。但是後來我們發現，和培養皿的環境相比，在比較自然的條件中生長的線蟲若出現長壽的突變個體，會很快地被短命的野生類型所取代。所以我們可以這樣比喻：指出高氧化壓力的存在不會危害生存是一回事，但要證明這個理論在野外也能成立，又是另外一回事了。

在測試抗氧化劑對野生物種生存的影響時，鳥類是特別有意思的一個例子。有一種稱為類胡蘿蔔素的抗氧化劑，會為某些鳥類的羽毛提供紅色、橘色，以及黃色的色素，因此這些動物需要的類胡蘿蔔素量非常大。此外，類胡蘿蔔素也是蛋黃顏色的來源。儘管類胡蘿蔔素這麼重要，所有動物卻都缺乏自我生成類胡蘿蔔素的生化管道，所以這些分子就像維生素一樣，必須從飲食當中才能攝取。鳥類和其他動物一樣，雄性的色彩會比雌性鮮豔（想想看愛炫耀的公孔雀與疏懶的母孔雀），但在交配時握有挑選權利的還是雌性。所以，就利用類胡蘿蔔素為自己的羽毛上色的物種而言，會不會牠們的顏色愈亮麗，就代表這些雄性體內的抗氧化劑量愈豐富，讓雌性能以此為線索，為牠們的後代選擇最佳父親呢？[9]

類胡蘿蔔素只是比較弱的抗氧化劑，所以雄鳥可以用這種分子色素的特質加強自己交配優勢的想法雖然聽起來很有道理，但是很容易就會被推翻。這就是普通黃喉地鶯的測試結果會那麼吸引人的原因了。普通黃喉地鶯是一種小型鳥，屬於雀形目，夏天時在美國隨處可見。公普通黃喉地鶯的喉嚨有一塊特別亮的黃斑，而在一項針對紐約奧巴尼附近的黃喉地鶯族群的研究中發現，最健康的公鳥的黃斑會最鮮豔，而且也會是母鳥最喜歡的公鳥。[10]這個假設禁得起測試很關鍵的一點是，喉部顏色最鮮豔的公鳥，牠們的ＤＮＡ氧化傷害程度也是比較低的；而且這些ＤＮＡ受傷程度低的鳥，在冬天也比較能存活下來。

研究另外也發現，抗氧化劑的程度高低和另外一種野生鳥類族群裡的生存有相關性。家燕每年都會千辛萬苦地從歐洲的鳥巢所在地，橫越撒哈拉沙漠，遷徙到非洲南部過冬；之後再乖乖地回到北方原本築巢的地方。一項歷時五年，針對義大利三個家燕聚落的研究發現，不論公母，只要是體內抗氧化劑含量高的家燕，生存的時間都比抗氧化劑含量低的家燕長。[11]而針對歐洲家燕的近親，美國家燕的研究也發現，牠們在繁殖季節的繁殖成功率與類胡蘿蔔素的濃度密切相關。[12]

「燕子活不過一個夏天」這句話說得很好，但是這些田野研究也許能讓氧自由基假說獲得緩刑，或暫緩執行它的死刑。這些研究應該也讓我們停下腳步思考一下：老化的原因是不是真的能縮減成單一的機制？還是針對不同的物種，其實有各式各樣的機制？

就像是所有和衰老有關的基本問題一樣，威廉斯在一九五七年對這個主題提出的看法也很值得我們了解，因為他的很多預測後來都被證明為真。他認為，「衰老必定是一種一般性的惡化，永遠不會是單一系統的巨大變化而導致。」[13]如果我們重新使用壽命火車的比喻，就很容易理解他這麼說的理由了。回想一下，每一節車廂代表生命中每一個年齡層，一個接著一個，最接近引擎的車廂最年輕，愈往後就愈老。我們在前面假設車廂間的連結斷裂的機率相同，而這個機率就代表了外在因素導致死亡的風險。現在我們把這個假設放寬一點，承認每一個連結本身的構造，也會對於斷裂的機率造成影響。事實上，我們可以說每一個連結都是由四個環節形成的鎖鍊做成的。

每一個環節都可以比喻成一個生理系統，而且這些系統都對於活到某個年紀以上非常關鍵。舉例來說，一個環節代表了免疫系統，另一個是抵抗癌症的系統，第三個環節負責抵擋氧化壓力，第四個則關於有效的胰島素訊息傳遞。這樣一條鎖鍊強度會根據最弱環節的強度所決定，所以所有的環節都要夠穩固，才能讓這節車廂的旅途平順。現在我們假設鍛造環節的金屬變薄代表衰老，以年輕的車廂而言，每一個環節都很結實穩固，但是較老車廂的環節使用的金屬，卻會隨著車廂代表的年紀增加而愈來愈薄，因為我們都知道，年老車廂裡的後代對於未來世代的貢獻不大，所以天擇不太會花心思維護它們。

現在我們和維修人員回到鐵軌這裡，看看火車中段的連結是什麼樣子。這些車廂代表中年，雖然天擇開始對它們失去興趣，但還是會想辦法榨乾它們的剩餘價值。你瞧！四個環節中，有一個比其他三個都脆弱。我們檢查了其他幾輛火車，發現無庸置疑的，這四個環節裡，最先開始變弱的永遠都是同一個：對抗氧化壓力的那個。

如果維修人員受到天擇指揮，那他們該做什麼？要解決這個問題，最好的策略顯然是強化最弱的環節。這也就是威廉斯的理論精華：如果有一個維持生命所必須的系統會比其他系統早開始變弱，天擇就會強化那個系統。抵抗氧化壓力的機制之所以存在就證明了這一點。天擇發明了超氧歧化酶以及其他機制來修補這個問題，雖然不是完美的方法，但已經足以讓氧化壓力不至於成為衰老唯一且一體適用的原因。不論是哪一個攸關生命的環節，只要它總是比其他環節更早開始耗損，天擇就會長期注意這個環節。接著，等生命走到天擇完全失去能力的階段時，一切都會消失，無一例外。這就是為什麼在醫療百科中，幾乎所有疾病最大的風險因子都是病患的年齡。也就是衰老。

對於我們要找出能「治癒」老化的長生靈藥來說，這樣的論點具有非常重大的意義。如果老化是一個東西，那麼也許可能有解藥，但它其實不是。老化是多個系統普遍性失能的情況。也因此，在演化所遺留給我們的一切當中，我們最多也只能延長這輛火車，延後衰老的發生；我們不可能讓這件事完全不發生。到了最後，除了生殖細胞之外，一切都會衰老並死亡，就連那些已知的長壽突變型也不例外。[14]

有些科學家認為，老化是可以一點一滴克服的，一次修補一個系統就好；他們也指出有一些動物幾乎沒有老化現象，例如北極蛤或洞螈，因此牠們證明這是做得到的。我個人真的很想說，我寧願活得像個人類一樣短命，也不想像隻洞螈那樣長命，但這麼說就太犯規了。不過真的是這樣嗎？等價交換是這世界的定律，幾乎不會老化不太可能沒有壞處。

在這些相信老化可以被治癒的樂觀主義者當中，最有說服力的就是英國劍橋的叛逆小子德桂，科學作家溫納曾經為他寫過一本傳記。[15]德桂說自己的方法是利用「細微老化工程策略」（Strategies for Engineered Negligible Senescence，簡稱ＳＥＮＳ），由於正常細胞修復過程的有效性會隨著年齡衰退，他的目標就是找到方法去修復這些累積的傷害。[16]德桂相信，有七種傷害是需要修復的。其中兩種是由傷害DNA的突變所導致，引發癌症的突變就是其中之一；另外兩種和細胞失去作用的各種方式有關；還有兩種是毒素累積的結果，例如阿茲海默症患者腦中的斑塊；第七種則是膠原蛋白等分子開始透過交聯作用而減少所造成的。白內障與關節僵硬是兩種與年齡有關的狀況，並且都是最後一個原因所造成的。這七大傷害底下有很多的次種類，每一種都需要各自的解藥。舉例來說，最近的乳癌研究發現，乳癌其實是由十種疾病所組成，每一種都有自己的基因特徵，對治療的反應以及死亡率也各不相同。[17]那麼，如果真的有可能的話，到底需要多少種不同的方法才能「治癒」老化，簡單來說還是未知數。

阻止老化細胞分裂的機制就是一個很大的挑戰。有些衰老的細胞會死去，但那些活下來的年老細胞，會出現隱匿犯罪與蓄意犯罪的情況。「隱匿犯罪」指的是它們無法繼續分裂，因此對於修復組織沒有幫助；「蓄意犯罪」指的是它們會讓周遭的細胞中毒。當美國解剖學教授黑弗利克在一九六一年發現這種細胞衰老的現象時，[18]他先是懷疑，接著馬上感到興奮萬分，因為這似乎正是老化的成因。[19]黑弗利克發現，他可以在實驗室成功培養細胞，讓細胞複製四十到六十次，但接下來細胞就會用盡燃料，拒絕分裂。這個極限後來便以發明者命名為黑弗利克限度（亦譯為「海富利克限度」）。到底是什麼讓細胞停止分裂，當時還是一個謎，不過不管那是什麼，似乎都像是有一個滴答滴答在走的時鐘，為一個人以良好的健康狀態活著的時間設定上限。

這個時鐘的身分與運作方式，在一九七〇到八〇年代逐漸解密。原來這是與DNA複製有關的構造，每次有細胞分裂時，就會產生複製DNA的過程，[20]人類細胞內的DNA分子特別瘦長，在單一細胞內延伸成一條線的DNA，長度約在一．八到二．四公尺之間。[21]把這樣的分子打包在一個小小的細胞裡，可以說是大自然令人讚嘆的奈米工程。染色體是細胞裡高度纏繞的DNA，每一個人類細胞裡都有二十三對染色體。

在複製染色體DNA的過程中，分子的末端經常會出現突然中止的問題，使得DNA的末端像是脫線的毛衣袖口一樣。真核生物在演化的極早期，就用一個稱為端粒（telomere）的蓋子，解決了這個問題。布萊珂本和共同研究者一開始在耶魯大學，後來到加州大學柏克萊分校繼續研究，她們發現染色體兩端的端粒結構是由六個重複的鹼基序列形成的。端粒不能避免染色體的末端在每次複製時變短，但是可以代替染色體裡的基因被截短，避免真正的基因被切斷。每次有細胞分裂時，新細胞裡的染色體端粒就會變短，因此端粒最後一定會被切到剩下一小塊，此時細胞就失去了分裂的能力，進入所謂「細胞複製衰老」的狀態。

想像你面對這個DNA複製末端沒有收尾的問題，這是一個工程挑戰，如果你順利解決，獎品就是青春永駐。如果你跟二十億年的演化一樣聰明，那麼你可能會想出端粒這個解決方法。你會很驕傲的把這個解決方法送給天堂的諾貝爾獎委員會，然後他們就說：「等等！生殖細胞又要怎麼處理？卵子和精子細胞的端粒碰到緩衝極限時，也會像其他的細胞一樣停止分裂。」你無法長生不老了！

解決方法是一定有的，而且是在一九八五年，布萊珂本的研究生葛萊德發現的。她發現有一種叫做「端粒酶」的酵素會修復生殖細胞的端粒，使其在DNA複製的過程中恢復原本的長度。布萊珂本、葛萊德，以及索斯塔克因為端粒研究，共同獲得二〇〇九年的諾貝爾醫學獎。現在我們知道，端粒這個時鐘在倒數計時細胞分裂的次數，而端粒酶這種酵素會讓生殖細胞裡的這個時鐘往回走。這樣就可以解釋老化的原因，並且解決壽命有限的問題嗎？乍看之下這個理論好像說得很對，讓黑弗利克等人認為細胞複製衰老正是限制壽命長短的原因。[22]也許威廉斯偶爾也會犯錯，你家附近的藥局可以有貼了「端粒酶」標籤的長生不死藥。不過，還是別指望了。

問題——就像是英國科幻小說《銀河便車指南》作者亞當斯會猜到的——出在小鼠身上。在《銀河便車指南》裡，地球是小鼠設計的一個行星大的電腦，而小鼠這麼做是為了找出答案是四十二的那個神祕問題是什麼。而在這裡，小鼠也糾正了我們的細胞複製衰老假說。小鼠細胞是永生的，不過根據我上次查證的結果（見附錄），小鼠本身是會死的。只要有氧氣和新鮮的養分，小鼠細胞就能在實驗室裡無止盡地複製，它們不受黑弗利克限度影響，因為小鼠的體細胞有端粒酶，而且端粒的長度最多可達到人類細胞的十倍。[23]不管小鼠的壽命只有四年的原因是什麼，都不會是細胞複製衰老；而如果細胞複製衰老不會限制小鼠的壽命，那真的會限制其他物種的壽命嗎？

所以這又是一個假說的例子，和生活速度與氧化壓力假說一樣，一開始好像對於生物衰老的原因提出了一個顯而易見、一般性的說明，但如果比較不同的物種時，這樣的假說就站不住腳了。威廉斯這時候一定在墳墓裡偷笑吧，我猜他的墓碑上應該會寫著「我就說吧。」

但是從每個被批得體無完膚的假說灰燼裡，都能長出新假設的嫩芽。我們現在需要一個解釋說明：為什麼小鼠的體細胞有端粒酶，但是人類體細胞卻沒有？這裡有幾條線索：首先，所有的癌症細胞都會產生端粒酶。第二，如果你在培養皿的人類細胞裡加入端粒酶，黑弗利克限度就會消失，它們也就能無止盡地複製。[24]有一個假說是，這些線索代表人類細胞缺乏端粒酶，是一種為了降低癌症風險的適應力。回想一下第二章的佩托悖論：儘管人類的細胞數量比小鼠多那麼多，而且在人的一生中發生的細胞分裂次數，也比小鼠在短暫一生中的細胞分裂次數多上許多，但是小鼠和人類的罹癌率卻很接近。我們可以推論，在體型較大、壽命較長的動物體內，對於失控細胞的分裂一定有很好的煞車系統。關掉體細胞產生端粒酶的機制，是不是這種煞車之一呢？看起來幾乎是肯定的。

研究人員在比較了十五種齧齒類動物的端粒酶活動後，發現各物種之間有極大的差異，而且這些差異都和體型有關，與壽命無關。[25]舉例來說，北美灰松鼠和美洲海狸的最長壽命分別是二十四與二十三歲，但是海狸的體重是灰松鼠的四十倍，體內端粒酶的活動卻只有松鼠的百分之十三。罹癌的風險似乎會隨著體型變大而升高，但也會隨著端粒酶活動的降低而取得平衡。針對不同的哺乳類譜系，天擇似乎對於這個部分各自做了多次的調整。而要讓體細胞裡的端粒酶活動完全停止的臨界體型，大約是少少的九百公克。[26]

端粒的長度也會隨著物種不同而改變，但並不如一般預期的，它們的長度不會決定該物種的一般壽命。在缺少端粒酶的情況下，端粒會隨著細胞分裂愈來愈短，最後因為太短而達到了黑弗利克限度，使細胞停止分裂。端粒一開始的長度愈長，就需要愈多次的細胞分裂，才會達到細胞複製衰老發生的極限。因此，如果細胞複製衰老的啟動限制了壽命的長度，你可能就會以為長壽物種的端粒，應該比短命物種的端粒長。但事實上我們觀察到的卻是相反的模式：端粒長度和哺乳類的壽命呈現負相關，也就是愈長壽的哺乳類，例如人類，端粒就愈短。這些觀察結果顯示，短的端粒之所以會演化，是因為它們是更進一步的煞車，用以避免長壽的物種罹患癌症。當然，這個煞車只有在天擇已經關掉端粒酶的物種身上才有用，因為端粒酶會避免端粒在每次細胞分裂時愈變愈短。

這樣說來，短端粒所造成的細胞複製衰老也許真的在長壽物種的老化中扮演了某個角色。如果真是如此，那麼這就會是衰老演化理論所預測的「雙向突變」的例子。細胞複製衰老是為了在年輕時避免癌症的機制，在後來的生命裡卻感受到了這個機制帶來的壞處。研究人員在許多野生鳥類身上，測試了「較短的端粒必然帶來這種壞處」的論點，並且得到了相當一致的結果。不論是高山雨燕、美洲雙色樹燕、歐洲寒鴉，或者南方巨鸌，紅血球染色體端粒比較長的那些個體，生存率都比端粒較短的個體高。[27]一項針對猶他州六十歲以上長者的研究也發現了類似的關係：白血球端粒長度愈長的長者，死亡率愈低。[28]以人類來說，端粒短的人和端粒長的人相比，因心臟疾病造成的死亡率是三倍，因感染導致的死亡率是八倍。

端粒長度與生存的關係可能是直接的、間接的，或者兩者皆是。舉例來說，短的端粒可能會直接影響生物對於感染的敏感度，因為短的端粒會使得負責對抗感染的白血球細胞分裂的速度受阻；端粒長度可能也會間接標示出其他老化過程，例如氧化壓力。目前已知和染色體其他部分的複製相比，端粒複製對氧化壓力特別敏感，而這可能也會導致端粒變短。

從原本的猶他實驗在二〇〇三年發表以來，已經有數千個類似的研究，但是在二〇一一年針對這些研究的文獻探討發現，其中只有少數研究真的足以得出相當的結論，[29]當中也只有十個關於人類死亡率的研究符合要求，在這十個研究中，又只有一半指出了端粒長度與生存的相關性，另一半則沒有。儘管研究鳥類得到的證據似乎讓人覺得希望無窮，但是在人類研究上，可能因為太多因素會影響端粒長度，所以它很難成為有用的老化生物標記。其他影響因素包括你的父母在幾歲時生下你、你的健康狀況、你抽不抽菸、吃不吃綜合維他命、喝不喝酒、你的社經地位、身體質量指數、性別，還有種族等。此外，另外一個研究發現，就算都是老人，你在這個年紀看起來的狀態好壞，也可以用來預測你的死亡率。[30]所以就算你的端粒長度藏著任何關於死亡率的祕密，你的好朋友跟你喝咖啡時也能得到相同的資訊。

不論端粒長度能不能用來預測健康與死亡率——因為這可能要看你是小鼠、人類，還是八哥鳥而決定——只要你的組織裡沒有一堆懶惰的衰老細胞，就一定是比較好的。不過最近的研究發現，經過適當基因工程的小鼠，可以利用藥物選擇性地鎖定衰老細胞，並加以移除。這些小鼠的衰老細胞被移除後，不只是脂肪、肌肉、眼部組織的老化過程會減緩，還可以逆轉原本已經造成的損害。[31]同樣值得一提的，是另一個誘導人類衰老細胞分裂的研究，結果發現分裂後產生的幹細胞不只擁有修復後的端粒長度，而且沒有受到原本肉體遭受的各種病痛苦難所影響。[32]這樣的研究是不是預示了德桂要讓衰老完全消失的夢想即將實現呢？還沒有。如果你是有遠見的小鼠，你只應該申請接受清除衰老細胞的藥物治療，而且在還是受精卵的時候，就透過基因工程讓你做好準備。也許有一天，利用衰老細胞製造的幹細胞將有助於修復年老細胞，不過現在還早得很。

德桂的SENS計畫聽起來很像科幻小說，但是誰知道未來會怎麼樣呢？在《瑪士撒拉之子》裡，長壽的霍華德家族最後搭著太空船離開地球，逃離短命大眾對他們的壓迫。在另外一個星球上經歷一些冒險後，霍華德家族裡有些人覺得還是回到地球好，畢竟那裡是他們的歸屬，無論如何都強過住在一個陌生的世界裡。當他們在七十五年後回到地球時，發現這個世界在他們離開的期間裡已經有了長足的進步，短命人已經發明了能延長人類壽命的科技。

我在第一章裡曾經承諾，我會在你腳下展開一張華麗的馬賽克拼貼，呈現現代科學對老化與壽命的了解；這張拼貼的範圍不僅限於人類，還包含了植物與動物。現在讓我把這些片段都拼湊在一起，看看它們如何能組合成一幅如同西敏寺偉大地磚般宏偉的圖樣。這個圖樣源起於眾多自相矛盾的論點，關於老化與壽命的一切，一開始都像個謎。你一翻開這本書，內心某處也許就有一個疑問：「我們為什麼只能活這麼久？」對於某些人來說，這不是個能輕易放手的疑問，因此到了最後，他們就在最大型的人體冷藏公司，美國阿爾科生命延續基金會的冷凍庫裡，為這個疑問畫下句點。不過那個地方對於本書的銷售並沒有幫助，因為熄燈時間過後，也沒有人會在那裡看書了。

從歷史的角度來看，這個問題一直都搞錯方向了，因為地球上的生命一開始就是小小的、短暫的個體，並且維持了二十億年之久。延長生命的第一步，就是從單細胞生物變成細胞的集合體，形成能夠自我取代與修復的多細胞生物。反諷的是，生命是變得複雜與長壽之後，才開始煩惱自己的短暫。

接下來就是這個彷彿自相矛盾的理論：讓我們脫離泥沼的演化力量，在那之後似乎完全不在意老化與死亡，或者是對它們無能為力。「塵歸塵，土歸土」有一種對稱的美感，似乎讓詩人非常滿意，可是對於有辦法把事情做得更好的實證科學家來說，這樣可不夠。天擇如此盲目，僅僅專注於可以延續的特徵，那為什麼會讓成功克服重重難關的生物，就這樣腐壞並消逝？自從達爾文發現天擇以來，這個問題的答案成功閃躲了科學的追擊將近一個世紀，接著梅達華以及其他幾個人才了解，答案就在於隨著個體變老，他們對未來世代的貢獻也減少。天擇在老年期就功成身退，使得傷害細胞並且干預身體機能的這些突變，得以在生命的後段累積。更邪惡的是，如果同樣的突變對於生命初期的繁殖有益，但會造成老化，天擇其實還是會偏好這樣的突變。

不過，在「天擇容許老化帶來的破壞」這條金科玉律裡，也有兩個例外條款，但這兩個例外並不違背天擇的規則，而是適應了天擇。第一個例外是，有些生物在老了之後，繁殖的後代數量會增加，例如某些魚類、龍蝦、大型蛤蠣，以及很多植物都是這樣，因為它們隨著年齡增加，體型也會變大，因此能繁殖得愈來愈多。這類生物都能存活至少一個世紀，以植物而言，有些還能活好幾千年，因為它們也符合第二項例外條款。

大部分動物的生殖細胞都會產生精卵，而以解剖學而言，生殖細胞和身體的其他細胞（體細胞）是不一樣的。生殖細胞和體細胞的差異使得天擇在生命後期會放棄維持體細胞的機能，但不會傷害生殖細胞。但是因為植物與群居動物的生殖細胞和體細胞沒有不同，所以天擇會繼續保護細胞，不會在年老時受到突變的傷害。因此，這些生物就可以非常非常長壽，只是當中也有很多的確會衰老，有些也很短命。

植物因為生殖細胞與體細胞相同，因此不會受到突變累積以及造成動物老化的雙向突變的傷害。可是手上有著「老化退散」這張牌的生物，通常都不會打出這張牌，而是像罌粟花一樣，盛開後就死去，這種現象說好聽點是奇怪，說難聽點就彷彿它們不知好歹，不過這可以用這類短命植物生存的環境來解釋。如果每年的生存條件都很差而且不確定，那麼天擇就會偏好在早期大量繁殖，放棄之後的繁殖。繁殖必定要付出代價，而在極端的情況下，代價可能是提早死亡，太平洋鮭就很清楚這一切。

成年個體面對的外在死亡風險，會影響天擇偏好長的還是短的壽命。火車車廂之間以脆弱的連結相連的比喻，清楚解釋了為什麼會飛的動物、住在地底的動物，以及利用毒或身體盔甲防禦掠食者的動物，都比沒有這些特徵的動物活得久。然而，以細胞層級來解釋為什麼有些物種比其他物種衰老得快，卻是很困難的。一個又一個聽起來很有道理的假說被提出來，但一旦權衡過所有證據之後，卻總是發現它們無法一體適用。不過老化之所以沒有單一的原因，是能夠用演化來解釋的：當天擇在生命裡完全失去能力的那一刻，什麼都不重要了，一切都會消逝。不過在那一刻來臨之前，天擇會修正那些脆弱的環節，確保細胞的功能不會因為缺乏照料而變得脆弱。

我把最奇怪的悖論留到了最後，因為從務實的角度來看，這可以說是最重要的一個，但卻常常被遺忘。這個悖論就是：儘管人類沒有克服衰老，但是人類的平均壽命從一八四〇年以來增加了非常多——在過去一百七十年裡，平均每一個小時，就增加十五分鐘的壽命。這樣的增加大部分的原因是嬰兒出生死亡率下降，不過成人健康的改善也有貢獻。這些措施都延後了衰老發生，但並沒有擊敗衰老。如果不需要從根本改變衰老就可以有這麼多的進展了，那麼我們應該自問的是，壽命的進一步改善到底是不是透過ＳＥＮＳ這類的計畫，或是年老期的健康改善就能達到的呢？

富有國家的人口壽命平均都比貧窮國家長，但是財富與壽命間並不是一個線性的關係。聯合國發展計畫的資料顯示，個人收入的增加，比方說從最貧窮的非洲國家的幾乎毫無收入，增加到像土耳其的一年約三十萬台幣的收入，會使得預期壽命從四十歲大幅成長到七十歲。但是接下來，年收入每增加三十萬，平均壽命的增加幅度卻愈來愈小。理由不只是因為接下來的進步愈來愈難，也愈來愈昂貴，還有另一個經濟因素會造成影響：人口收入分布不均。[33]

在美國五十個州當中，每個州裡最富裕與最貧窮的市民收入的差異也不同，而貧富收入差異最小的州，預期壽命也是最高的。在很多國家裡都可以看到類似的趨勢，例如日本的貧富差距是全球最小的，他們的預期壽命也是最長的。瑞典的這兩個數據略遜於日本，居於第二。而葡萄牙、美國還有新加坡收入不均的情況，是已發展國家最嚴重的，這些地方的預期壽命也是已發展國家中最短的。這樣的趨勢最值得注意的一點是，它們都和財富本身無關。葡萄牙的人均收入是美國的一半，但是兩國的貧富差距都很大，這才是他們預期壽命都表現不佳的原因。[34]

至於已發展國家的貧富差距為什麼會這樣影響壽命，則是一個由政治、經濟、社會心理以及生理原因交織而成的複雜問題。如果在這個意料之外的發現當中有什麼好消息存在，那就是：你不需要是生物學家，也能對此盡一己之力。而這一點，親愛的讀者，就是生命的真實面貌。

附錄：本書中提到的物種學名

這篇附錄提供本書中提到的物種學名，以及目前已知該物種的典型和／或最長壽命長度（括號表示）。動物資料主要來自「年齡紀」（AnAge）資料庫（http://genomics.senescence.info/species/），其餘資料主要來自各章所列出的附注來源。橫線表示壽命不明。

俗名	學名	壽命
人類	*Homo sapiens*	66 (122)
小辮鴴	*Vanellus vanellus*	(16)
大西洋鮭	*Salmo salar*	13
大紅鸛	*Phoenicopterus roseus*	(44)
大鼠	*Rattus norvegicus*	3.8
工蜂	*Apis mellifera*	< 1
女王蜂	*Apis mellifera*	(8)

弓頭鯨	*Balaena mysticetus*	(211)
水豚	*Hydrochaeris hydrochaeris*	10 (15)
水絲麻	*Puya raimondii*	80–150
毛地黃	*Digitalis purpurea*	2
毛鱗魚	*Mallotus villosus*	10
牛蒡	*Arctium minus*	2
月見草	*Oenothera* spp.	2–3
日本弓背蠼螋	*Anechura harmandi*	1
文蛤	*Mercenaria mercenaria*	68 (106)
太平洋鮭（銀鮭）	*Oncorhynchus kisutch*	3
北美灰松鼠	*Sciurus carolinensis*	(24)
北極蛤	*Arctica islandica*	100 (405)
巨人半邊蓮	*Lobelia telekii*	40–70
瓜利樹	*Euclera undulata*	(ca. 10,000?)
瓦勒邁杉（恐龍杉）	*Wollemia nobilis*	> 350
羊齒（營養系）	*Pteridium aquilinum*	(700)

地中海實蠅	*Ceratitis capitata*	0.1
竹	Bambusoideae	(120)
早開龍膽花	*Gentianella anglica*	0.3
伏翼	*Pipistrellus pipistrellus*	(16)
亞馬遜樹	*Cariniana micrantha*	1,400
周期蟬	*Magicicada* spp.	13; 17
果蠅	*Drosophila melanogaster* 及其他物種	0.3
拉波德氏變色龍	*Furcifer labordi*	0.4
阿拉伯芥	*Arabidopsis thaliana*	0.12
拔爾薩姆冷杉	*Abies balsamea*	> 80
虎鯨（殺人鯨）	*Orcinus orca*	50 (100)
非洲灰鸚鵡	*Psittacus erithacus*	50
長葉車前草	*Plantago lanceolata*	1–2
美洲海狸	*Castor canadensis*	23
美洲鰻	*Anguilla rostrata*	15 (50)
美洲黑熊	*Ursus americanus*	(34)

美國側柏	*Thuja occidentalis*	80 (1,800)
美國西部黃松	*Pinus ponderosa*	300
美國西部側柏	*Thuja plicata*	> 1,000
科西棕櫚	*Raphia australis*	30
洞螈	*Proteus anguinus*	(100)
南方巨鸌	*Macronectes giganteus*	(40)
柳樹	*Salix* spp.	55 (85)
秋龍膽花	*Gentianella amarella*	0.25–1.5
家鼠（小鼠）	*Mus musculus*	(4)
針毬松	*Pinus longaeva*	(4,789)
高山雨燕	*Apus melba*	6 (26)
家燕	*Hirundo rustica*	16
馬來西亞角蟬	*Pyrgauchenia tristaniopsis*	0.2
旅鶇	*Turdus migratorius*	17
野生胡蘿蔔	*Daucus carota*	2–3
野生草莓	*Fragaria vesca*	3–10

野濫縷菊	*Senecio vulgaris*	< 1
野捲耳	*Stellaria media*	< 1
硫磺珍珠菌	*Thiomargarita namibiensis*	—
淡水育珠蚌	*Margaritifera margaritifera*	(250)
袋獾	*Sarcophilus harrisii*	2
棕闊腳袋鼬	*Antechinus stuartii*	1 (5.4)
結核菌	*Mycobacterium tuberculosis*	—
龍舌蘭	*Agave americana*	25
渡渡鳥（愚鴿）	*Raphus cucullatus*	—
斑袋鼬	*Parantechinus apicalis*	> 3 (5.5)
普通黃喉地鶯	*Geothlypis trichas*	(11.5)
象拔蚌	*Panopea generosa* (syn. *P. abrupta*)	(169)
寒鴉	*Corvus monedula*	(20)
紫杉	*Taxus baccata*	> 1,000
短壯辛氏微體魚	*Schindleria brevipinguis*	0.16
鉛筆柏	*Juniperus virginiana*	(300)

萬年白楊樹（營養系）	*Populus tremuloides*	(10,000)
維吉尼亞負鼠	*Didelphis virginiana*	2–3 (6.5)
銀鷗	*Larus argentatus*	(49)
線蟲*	*Caenorhabditis elegans*	0.06
裸隱鼠	*Heterocephalus glaber*	25 (31)
蒿毛蕊花	*Verbascum thapsus*	2
墨西哥星果棕櫚樹	*Astrocaryum mexicanum*	123
鴕鳥	*Struthio camelus*	(50)
歐洲鰻	*Anguilla anguilla*	10–15 (88)
歐洲薊（翼薊）	*Cirsium vulgare*	2
潰瘍菌（幽門螺旋桿菌）	*Helicobacter pylori*	—
錫蘭行李葉椰子	*Corypha umbraculifera*	30–80
樺樹	*Betula* spp.	100–200
樹燕	*Tachycineta bicolor*	(12)
鴯鶓	*Dromaius novaehollandiae*	16.6
蟹蛛	*Lysiteles coronatus*	—

罌粟	*Papaver* spp.	<1
鐮刀葉羅漢松	*Afrocarpus falcatus*	(650)
灌叢	*Larrea tridentata*	(ca. 11,000)

＊在線蟲綱當中有數萬個物種，而且還有更多的未知物種。我在這裡使用「線蟲」這個俗名，指的只是這一個物種而已。

注釋

第一章　死亡與永生　目的地

1. *Night is the morning's Canvas:* E. Dickinson, *The Complete Poems of Emily Dickinson*, ed. T. H. Johnson (Little Brown, 1960), 9.
2. *An inscription in Latin:* R. Foster, *Patterns of Thought: The Hidden Meaning of the Great Pavement of Westminster Abbey* (Jonathan Cape, 1991), 3.
3. *the jawbone of King Richard II:* R. Jenkyns, *Westminster Abbey*, Wonders of the World (Profile, 2006), 216.
4. *"I did kiss a Queen":* S. Pepys, *The Diary of Samuel Pepys* (vol. 3, p. 357, February 23, 1669), ed. J. Warrington (Dent Dutton, 1953), 521.
5. *"What, thought I, is this vast assemblage":* W. Irving, *The Sketch Book of Geoffrey Crayon, Gent.* (New American Library, 1961), 177–78.

6. *the memorial to William Congreve:* T. Trowles, *Westminster Abbey Official Guide* (Dean and Chapter of Westminster, 2005); C. Y. Ferdinand and D. F. McKenzie, "Congreve, William (1670–1729)," *Oxford Dictionary of National Biography*, ed. L. Goldman et al. (Oxford University Press, 2004), doi:10.1093/ref:odnb/6069.
7. *The pinnacle of pomp was reached:* Jenkyns, *Westminster Abbey*, 169.
8. *he laughed only once:* J. Holt, *Stop Me if You've Heard This: A History and Philosophy of Jokes* (Profile Books, 2008), 62–63.
9. *Annie died of tuberculosis:* R. Keynes, *Annie's Box* (Fourth Estate, 2001).
10. *"endless forms most beautiful":* C. Darwin, *The Origin of Species by Means of Natural Selection*, 1st ed. (1859; reprint, Penguin, 1968).
11. *a tuberculosis ward: Wikipedia*, s.v. "List of tuberculosis cases," accessed March 26, 2011, http://en.wikipedia.org/wiki/List_of_tuberculosis_cases.
12. *evolutionary mark on the human genome:* M. Moller, E. de Wit, and E. G. Hoal, "Past, present and future directions in human genetic susceptibility to tuberculosis," *FEMS Immunology & Medical Microbiology* 58 (2010): 3–26.
13. *epidemics of the past:* F. O. Vannberg, S. J. Chapman, and A. V. S. Hill, "Human genetic susceptibility

to intracellular pathogens," *Immunological Reviews* 240 (2011): 105–16.

14. *Death in childbirth: Wikipedia*, s.v. "List of women who died in childbirth: United Kingdom, accessed March 26, 2011, http://en.wikipedia.org/wiki/List_of_women_who_died_in_childbirth#United_Kingdom.

15. *the bacterium* Helicobacter pylori: G. Morelli et al., "Microevolution of *Helicobacter pylori* during prolonged infection of single hosts and within families," *PLoS Genetics* 6 (2010), doi:10.1371/journal.pgen.1001036.

16. *jumped from humans to big cats:* M. Eppinger et al., "Who ate whom? Adaptive *Helicobacter* genomic changes that accompanied a host jump from early humans to large felines," *PLoS Genetics* 2 (2006): e120.

第二章　不斷流洩的沙漏　壽命

1. *"And what is Life?":* J. Clare, *Poems Chiefly from Manuscript*, ed. E. Blunden and A. Porter (Cobden-Sanderson, 1920).

2. *nearly every organism was single-celled:* R. K. Grosberg and R. R. Strathmann, "The evolution of multicellularity: A minor major transition?," *Annual Review of Ecology, Evolution, and Systematics* 38

(2007): 621–54, doi:10.1146/annurev.ecolsys.36.102403.114735.

3. *outnumbered at least ten to one:* M. Wilson, *Bacteriology of Humans: An Ecological Perspective* (Blackwell, 2008).

4. *"I contain multitudes":* W. Whitman, *Leaves of Grass* (Airmont Publishing, 1965), 79, sect. 51.

5. *in rocks buried nearly two miles:* D. Chivian et al., "Environmental genomics reveals a single-species ecosystem deep within Earth," *Science* 322, no. 5899 (2008): 275–78, doi:10.1126/science.1155495.

6. *no human could survive:* F. Backhed et al., "Host-bacterial mutualism in the human intestine," *Science* 307, no. 5717 (2005): 1915–20, doi:10.1126/science.1104816.

7. *The biggest bacterium known is the sulfur pearl:* H. N. Schulz et al., "Dense populations of a giant sulfur bacterium in Namibian shelf sediments," *Science* 284, no. 5413 (1999): 493–95, doi:10.1126/science.284.5413.493.

8. *a new species:* M. D. Vincent, "The animal within: Carcinogenesis and the clonal evolution of cancer cells are speciation events *sensu stricto*," *Evolution* 64, no. 4 (2010): 1173–83, doi:10.1111/j.1558-5646.2009.00942.x.

9. *their own best-selling biography:* R. Skloot, *The Immortal Life of Henrietta Lacks* (Macmillan, 2010).

10. *a venereal disease in dogs:* A. M. Leroi et al., "Cancer selection," *Nature Reviews Cancer* 3, no. 3 (2003):

226–31.

11. *tumors on different animals:* A. M. Pearse and K. Swift, "Allograft theory: Transmission of devil facial-tumour disease," *Nature* 439, no. 7076 (2006): 549.

12. *now listed as endangered:* C. E. Hawkins et al., "Emerging disease and population decline of an island endemic, the Tasmanian devil *Sarcophilus harrisii*," *Biological Conservation* 131, no. 2 (2006): 307–24.

13. *cells in the surface lining of your gut:* S. A. Frank and M. A. Nowak, "Problems of somatic mutation and cancer," *Bioessays* 26, no. 3 (2004): 291–99, doi:10.1002/bies.20000.

14. *colorectal cancer in 90-year-old humans:* A. F. Caulin and C. C. Maley, "Peto's Paradox: Evolution's prescription for cancer prevention," *Trends in Ecology & Evolution* 26, no. 4 (2011): 175–82.

15. *Richard Peto observed:* R. Peto et al., "Cancer and ageing in mice and men," *British Journal of Cancer* 32, no. 4 (1975): 411–26.

16. *bigger species are better protected:* J. D. Nagy et al., "Why don't all whales have cancer? A novel hypothesis resolving Peto's paradox," *Integrative and Comparative Biology* 47, no. 2 (2007): 317–28, doi:10.1093/icb/icm062.

17. *the record for vertebrate longevity:* S. N. Austad, "Methusaleh's zoo: How nature provides us with clues

for extending human health span," *Journal of Comparative Pathology* 142 (2010): S10–S21.

18. *genes protecting us from cancer:* A. Budovsky et al., "Common gene signature of cancer and longevity," *Mechanisms of Ageing and Development* 130, no. 1–2 (2009): 33–39, doi:10.1016/j.mad.2008.04.002; R. Tacutu et al., "Molecular links between cellular senescence, longevity and age-related diseases: A systems biology perspective," *Aging* 3, no. 12 (2011): 1178–91.

19. *bivalves are some of the longest-lived animals:* I. D. Ridgway et al., "Maximum shell size, growth rate, and maturation age correlate with longevity in bivalve molluscs," *Journals of Gerontology, Series A, Biological Sciences and Medical Sciences* 66, no. 2 (2011): 183–90, doi:10.1093/gerona/glq172.

20. *the stout infantfish:* W. Watson and H. J. Walker, "The world's smallest vertebrate, *Schindleria brevipinguis*, a new paedomorphic species in the family Schindleriidae (Perciformes: Gobioidei)," *Records of the Australian Museum* 56, no. 2 (2004): 139–42.

21. *bigger species do indeed live longer than smaller ones:* J. P. de Magalhães et al., "An analysis of the relationship between metabolism, developmental schedules, and longevity using phylogenetic independent contrasts," *Journals of Gerontology, Series A, Biological Sciences and Medical Sciences* 62, no. 2 (2007): 149–60.

22. *The common pipistrelle bat:* J. P. de Magalhães and J. Costa, "A database of vertebrate longevity

records and their relation to other life-history traits," *Journal of Evolutionary Biology* 22, no. 8 (2009): 1770–74, doi:10.1111/j.1420-9101.2009.01783.x.

23. *Naked mole-rats:* R. Buffenstein, "The naked mole-rat: A new longliving model for human aging research," *Journals of Gerontology, Series A, Biological Sciences and Medical Sciences* 60, no. 11 (2005): 1369–77.

24. *Birds, like bats, have unusually long lives:* J. P. de Magalhães et al., "An analysis of the relationship between metabolism, developmental schedules, and longevity using phylogenetic independent contrasts," *Journals of Gerontology, Series A, Biological Sciences and Medical Sciences* 62, no. 2 (2007): 149–60.

25. *flamingos and their relatives are the longest-lived birds:* D. E. Wasser and P. W. Sherman, "Avian longevities and their interpretation under evolutionary theories of senescence," *Journal of Zoology* 280, no. 2 (2010): 103–55, doi:10.1111/j.1469-7998.2009.00671.x.

26. *crows have been known to fashion tools:* A. Seed and R. Byrne, "Animal tool-use," *Current Biology* 20, no. 23 (2010): R1032–R1039, doi:10.1016/j.cub.2010.09.042.

27. *other exceptional inhabitants of Methuselah's menagerie:* Austad, "Methusaleh's zoo."

28. *oldest person buried in Westminster Abbey:* K. Thomas, "Parr, Thomas (d. 1635), supposed

centenarian," *Oxford Dictionary of National Biography*, ed. L. Goldman et al. (Oxford University Press, 2004), doi:10.1093/ref:odnb/21403.

29. *a poet named John Taylor:* J. Taylor, *The Old, Old, Very Old Man*, 1635, accessed December 27, 2010, http://www.archive.org/details/oldoldveryold man00tayliala.

30. *Francis Bacon (1561–1626):* D. B. Haycock, *Mortal Coil: A Short History of Living Longer* (Yale University Press, 2008).

31. *an ingenious, if flawed, explanation:* Haycock, *Mortal Coil*, 23.

32. *"In those green-pastured mountains of Forta-fe-Zee":* Dr. Seuss, *You Are Only Old Once: A Book for Obsolete Children* (Random House, 1986).

33. *Grace Halsell, author of the book* Los Viejos: G. Halsell, *Los Viejos: Secrets of Long Life from the Sacred Valley* (Rodale Press, 1976).

34. *claims of extreme old age in Vilcabamba:* R. B. Mazess and S. H. Forman, "Longevity and age exaggeration in Vilcabamba," *Journal of Gerontology* 34 (1979): 94–98.

35. *A study of life expectancy:* R. B. Mazess and R. W. Mathisen, "Lack of unusual longevity in Vilcabamba, Ecuador," *Human Biology* 54, no. 3 (1982): 517–24.

36. *one supposed Shangri-La after another:* R. D. Young et al., "Typologies of extreme longevity myths,"

Current Gerontology and Geriatrics Research (2011), doi:10.1155/2010/423087.

37. *Frenchwoman Jeanne Calment:* B. Jeune et al., "Jeanne Calment and her successors: Biographical notes on the longest living humans," in *Supercentenarians*, ed. H. Maier et al., Demographic Research Monographs (Springer, 2010).
38. *Dan Buettner, a journalist:* "Dan Buettner," Field Notes, *National Geographic*, accessed May 2, 2011, http://ngm.nationalgeographic.com/2005/11/longevity-secrets/buettner-field-notes.
39. *a comfortable record:* Y. Voituron et al., "Extreme lifespan of the human fish (*Proteus anguinus*): A challenge for ageing mechanisms," *Biology Letters* 7, no. 1 (2011): 105–7, doi:10.1098/rsbl.2010.0539.

第三章　數個夏日之後　老化

1. *"And after many a summer dies the swan":* Alfred, Lord Tennyson, "Tithonus" (1860), in *Poems of Tennyson* (Oxford University Press, 1918), 616.
2. *there was once a mortal by the name of Tithonus:* R. Graves, *Greek Myths* (Penguin, 1957).
3. *"Senescence begins":* O. Nash, *The Pocket Book of Ogden Nash* (Simon & Schuster, 1962).
4. *an American male aged 50:* Data from World Health Organization, accessed April 8, 2012, http://apps.who.int/gho/data/.

5. *aging is one of the leading causes of statistics:* L. Hayflick, *How and Why We Age* (Ballantine, 1994), 53.
6. *the sin of usury:* R. H. Tawney, *Religion and the Rise of Capitalism* (Penguin, 1926).
7. *Outram's woe-filled lamentation:* "The Annuity," by George Outram, in *Verse and Worse*, ed. A. Silcock (Faber & Faber, 1958).
8. *One of the investors:* C. Mitchell and C. Mitchell, "Wordsworth and the old men," *Journal of Legal History* 25, no. 1 (2004): 31–52.
9. *"Upon the forest-side in Grasmere Vale":* W. Wordsworth, "Michael: A Pastoral Poem" (1800), lines 40–47, in *The Poetical Works of Wordsworth*, ed. T. Hutchinson (Oxford University Press, 1932).
10. *In 1779, one Benjamin Gompertz:* D. P. Miller, "Gompertz, Benjamin (1779–1865)," *Oxford Dictionary of National Biography*, ed. L. Goldman et al. (Oxford University Press, 2004).
11. *The Mortality Rate Doubling Time:* C. E. Finch, *Longevity, Senescence and the Genome* (University of Chicago Press, 1990), 23.
12. *Two hundred years ago:* The change over the last 200 years is shown in a powerful animated graphic at www.gapminder.org (accessed July 10, 2011). Access the graphic via www.bit.ly/cVMWJ4.
13. *life expectancy has increased:* J. Oeppen and J. W. Vaupel, "Demography: Broken limits to life

expectancy," *Science* 296, no. 5570 (2002): 1029–31.

14. *female life expectancy in Sweden was 83 years:* WolframAlpha, accessed July 9, 2011, http://www.wolframalpha.com. You can check the latest statistics for any country by entering a search term such as "life expectancy female USA" in the computational knowledge engine at WolframAlpha.com.
15. *remarkable advances in life expectancy:* Oeppen and Vaupel, "Demography."
16. *Life expectancy in the United States has increased:* WolframAlpha, accessed July 9, 2011, http://www.wolframalpha.com.
17. *countries where smoking is especially prevalent:* K. Christensen et al., "Ageing populations: The challenges ahead," *Lancet* 374, no. 9696 (2009): 1196–208.
18. *male life expectancy in Russia:* WolframAlpha, accessed July 10, 2011, http://www.wolframalpha.com/input/?i=male+life+expectancy+russia.
19. *the lapwing and the herring gull:* Finch, *Longevity, Senescence and the Genome*, 122.
20. *women in New Zealand:* Oeppen and Vaupel, "Demography."
21. *the majority of children born since 2000:* Christensen et al., "Ageing populations."
22. *satirical poem "Chard Whitlow":* H. Reed, "Chard Whitlow," *Statesman & Nation* 21, no. 533 (1941): 494.

23. *one-third of a Danish group of centenarians:* K. Christensen et al., "Exceptional longevity does not result in excessive levels of disability," *Proceedings of the National Academy of Sciences of the United States of America* 105, no. 36 (2008): 13274–79, doi:10.1073/pnas.0804931105.
24. *40 percent of a group of American supercentenarians:* Christensen et al., "Ageing populations."
25. *shorter-lived ancestors:* C. Selman and D. J. Withers, "Mammalian models of extended healthy life span," *Philosophical Transactions of the Royal Society B: Biological Sciences* 366, no. 1561 (2011): 99–107, doi:10.1098/rstb.2010.0243.
26. *the mortality rate in this group comes to a standstill:* J. Gampe, "Human mortality beyond age 110," in *Supercentenarians*, ed. H. Maier et al., Demographic Research Monographs (Springer, 2010).
27. *medfly-rearing facility in southern Mexico:* J. Hendrichs et al., "Medfly area wide sterile insect technique programmes for prevention, suppression or eradication: The importance of mating behavior studies," *Florida Entomologist* 85, no. 1 (2002): 1–13.
28. *it was another 82 days before the last fly died:* J. R. Carey, *Longevity: The Biology and Demography of Life Span* (Princeton University Press, 2003).
29. *Males live longer than females in rats:* S. N. Austad, "Why women live longer than men: Sex differences in longevity," *Gender Medicine* 3, no. 2 (2006): 79–92.

30. *the appearance of a declining mortality rate:* J. W. Vaupel and A. I. Ya shin, “Heterogeneity’s ruses: Some surprising effects of selection on population dynamics,” *American Statistician* 39, no. 3 (1985): 176–85.
31. *“second childishness and mere oblivion”:* W. Shakespeare, *As You Like It*, act 2, scene 7, in *Complete works of William Shakespeare*, RSC edition (Macmillan, 2006).
32. *senescence has not been reduced:* J. W. Vaupel, “Biodemography of human ageing,” *Nature* 464, no. 7288 (2010): 536–42, doi:10.1038/nature08984.

第四章　永恆不滅的　遺傳

1. *in a book called* Over the Teacups: O. W. Holmes Sr., *Over the Teacups*, 1889, Kindle edition.
2. *genes account for between 25 and 35 percent:* C. E. Finch and R. E. Tanzi, “Genetics of aging,” *Science* 278, no. 5337 (1997): 407–11, doi:10.1126/science.278.5337.407.
3. *A queen honeybee lives and reproduces for several years:* D. Munch et al., “Ageing in a eusocial insect: Molecular and physiological characteristics of life span plasticity in the honey bee,” *Functional Ecology* 22, no. 3 (2008): 407–21, doi:10.1111/j.1365-2435.2008.01419.x.
4. *the rare form of Alzheimer’s:* Finch and Tanzi, “Genetics of aging.”

5. *twins born in Denmark, Finland, and Sweden:* J. V. Hjelmborg et al., "Genetic influence on human life span and longevity," *Human Genetics* 119, no. 3 (2006): 312–21, doi:10.1007/s00439-006-0144-y.

6. *A study at Leiden in Holland:* R. G. J. Westendorp et al., "Nonagenarian siblings and their offspring display lower risk of mortality and morbidity than sporadic nonagenarians: The Leiden Longevity Study," *Journal of the American Geriatrics Society* 57, no. 9 (2009): 1634–37, doi:10.1111/j.1532-5415.2009.02381.x.

7. *offspring also had lower mortality rates:* M. Schoenmaker et al., "Evidence of genetic enrichment for exceptional survival using a family approach: The Leiden Longevity Study," *European Journal of Human Genetics* 14, no. 1 (2005): 79–84.

8. *lower risks of heart attack:* Westendorp et al., "Nonagenarian siblings.

9. *Dauers have been found attached:* WormBook: The Online Review of *C. elegans* Biology, accessed July 24, 2011, http://www.wormbook.org/chapters/www_ecolCaenorhabditis/ecolCaenorhabditis.html.

10. *The Worm Breeder's Gazette: The Worm Breeder's Gazette*, accessed December 21, 2012, http://www.wormbook.org/wbg/.

11. *Unhampered by the need to find and court a mate:* W. A. Van Voorhies et al., "The longevity of *Caenorhabditis elegans* in soil," *Biology Letters* 1, no. 2 (2005): 247–49, doi:10.1098/rsbl.2004.0278.

12. *The first longevity gene:* D. B. Friedman and T. E. Johnson, "3 mutants that extend both mean and maximum life-span of the nematode, *Caenorhabditis elegans*, define the *age-1* gene," *Journals of Gerontology, Biological Sciences* 43, no. 4 (1988): B102–B109; D. B. Friedman and T. E. Johnson, "A mutation in the *age-1* gene in *Caenorhabditis elegans* lengthens life and reduces hermaphrodite fertility," *Genetics* 118, no. 1 (1988): 75–86.
13. *mainly due to a decrease in the rate of senescence:* T. E. Johnson, "Increased life-span of age-1 mutants in *Caenorhabditis elegans* and lower Gompertz rate of aging," *Science* 249, no. 4971 (1990): 908–12, doi:10.1126/science.2392681.
14. *"I left culture dishes with my almost-infertile mutants":* C. Kenyon, "The first long-lived mutants: Discovery of the insulin/IGF-1 pathway for ageing," *Philosophical Transactions of the Royal Society B: Biological Sciences* 366, no. 1561 (2011): 9–16, doi:10.1098/rstb.2010.0276.
15. *Mutation in the* daf-2 *gene:* C. Kenyon et al., "A *C. elegans* mutant that lives twice as long as wild-type," *Nature* 366, no. 6454 (1993): 461–64, doi:10.1038/366461a0.
16. *the worm version of the hormone insulin:* K. D. Kimura et al., "daf-2, an insulin receptor-like gene that regulates longevity and diapause in *Caenorhabditis elegans*," *Science* 277, no. 5328 (1997): 942–46, doi:10.1126/science.277.5328.942.

17. *also present in yeast, fruit flies, and mice:* M. Tatar et al., "The endocrine regulation of aging by insulin-like signals," *Science* 299, no. 5611 (2003): 1346–51.

18. *70 percent similar:* Kimura et al., "daf-2."

19. *mutant worms with disabled senses:* J. Apfeld and C. Kenyon, "Regulation of life span by sensory perception in *Caenorhabditis elegans*," *Nature* 402, no. 6763 (1999): 804–9.

20. *mutants are better protected:* A. Taguchi and M. F. White, "Insulin-like signaling, nutrient homeostasis, and life span," *Annual Review of Physiology* 70, no. 1 (2008): 191–212, doi:10.1146/annurev.physiol.70.113006.100533.

21. *a likely explanation:* E. Cohen and A. Dillin, "The insulin paradox: Aging, proteotoxicity and neurodegeneration," *Nature Reviews Neuroscience* 9, no. 10 (2008): 759–67, doi:10.1038/nrn2474.

22. *associated with longer life in humans and mice:* Y. Suh et al., "Functionally significant insulin-like growth factor I receptor mutations in centenarians," *Proceedings of the National Academy of Sciences of the United States of America* 105, no. 9 (2008): 3438–42, doi:10.1073/pnas.0705467105; Taguchi and White, "Insulin-like signaling."

23. *it controls the growth of cell size:* M. N. Hall, "mTOR—What does it do?," *Transplantation Proceedings* 40 (2008): S5–S8, doi:10.1016/j.trans proceed.2008.10.009.

24. *increased their life span by about 10 percent:* D. E. Harrison et al., “Rapamycin fed late in life extends life span in genetically heterogeneous mice,” *Nature* 460, no. 7253 (2009): 392–95.
25. *hundreds of different genes are associated with normal aging:* J. P. de Magalhães et al., “Genome-environment interactions that modulate aging: Powerful targets for drug discovery,” *Pharmacological Reviews* 64, no. 1 (2012): 88–101, doi:10.1124/pr.110.004499.
26. *rapamycin can reverse defects in cells taken from progeria patients:* K. Cao et al., “Rapamycin reverses cellular phenotypes and enhances mutant protein clearance in Hutchinson-Gilford progeria syndrome cells,” *Science Translational Medicine* 3, no. 89 (2011), doi:89ra5810.1126/scitranslmed.3002346.
27. *ameliorating some of the effects of normal aging on cells:* C. R. Burtner and B. K. Kennedy, “Progeria syndromes and ageing: What is the connection?,” *Nature Reviews Molecular Cell Biology* 11, no. 8 (2010): 567–78, doi:10.1038/nrm2944.
28. *People carrying two copies of ε4:* G. J. McKay et al., “Variations in apolipoprotein E frequency with age in a pooled analysis of a large group of older people,” *American Journal of Epidemiology* 173, no. 12 (2011): 1357–64, doi:10.1093/aje/kwr015.
29. *balances out the extra risk:* A. M. Kulminski et al., “Trade-off in the effects of the apolipoprotein E polymorphism on the ages at onset of CVD and cancer influences human life span,” *Aging Cell* 10, no.

3 (2011): 533–41, doi:10.1111/j.1474-9726.2011.00689.x.

30. *a tract called* Discorsi de la vita sobria: A. Cornaro, *Discourses on the Sober Life [Discorsi de la vita sobria]* (Thomas Y. Crowell, 1916), http://www.archive.org/details/discoursesonsobe00cornrich.

31. *between 1,500 and 1,700 calories a day:* G. Crister, *Eternity Soup: Inside the Quest to End Aging* (Harmony Books, 2010).

32. *a blurb by President George Washington:* Crister, *Eternity Soup.*

33. *People practicing it feel perpetually cold:* Crister, *Eternity Soup.*

34. *"You can live to 100"*: Woody Allen, quoted in J. Lloyd and J. Mitchinson, *Advanced Banter: The QI Book of Quotations* (Faber & Faber, 2008), 8.

35. *two different studies with monkeys:* S. N. Austad, "Ageing: Mixed results for dieting monkeys," *Nature*, vol. advance online publication (2012), doi:10.1038/nature11484.

36. *the usual suspects are often implicated:* Taguchi and White, "Insulin-like signaling"; L. Partridge et al., "Ageing in *Drosophila*: The role of the insulin/Igf and TOR signalling network," *Experimental Gerontology* 46, no. 5 (2011): 376–81, doi:10.1016/j.exger.2010.09.003; J. J. McElwee et al., "Evolutionary conservation of regulated longevity assurance mechanisms," *Genome Biology* 8, no. 7 (2007), doi:R13210.1186/gb-2007-8-7-r132.

第五章 蒼綠年歲 植物

1. *"Show, in your words and images":* Dylan Thomas, *Collected Poems 1934–1952*, ed. W. Davies and R. Maud (Dent, 1994), 183.

2. *An even older one found in Nevada:* R. M. Lanner, *The Bristlecone Book: A Natural History of the World's Oldest Trees* (Mountain Press, 2007).

3. *eastern white cedars with 1,800 annual rings:* D. W. Larson, "The paradox of great longevity in a short-lived tree species," *Experimental Gerontology* 36, no. 4–6 (2001): 651–73.

4. *the oldest corals:* E. B. Roark et al., "Extreme longevity in proteinaceous deep-sea corals," *Proceedings of the National Academy of Sciences of the United States of America* 106, no. 13 (2009): 5204–8, doi:10.1073/pnas.0810875106.

5. *Hunter-gatherers can make it to 70:* M. Gurven and H. Kaplan, "Longevity among hunter-gatherers: A cross-cultural examination," *Population and Development Review* 33, no. 2 (2007): 321–65, doi:10.1111/j.1728-4457.2007.00171.x.

6. *pollen and seeds produced by the ancient trees:* R. M. Lanner and K. F. Connor, "Does bristlecone pine senesce?," *Experimental Gerontology* 36, no. 4–6 (2001): 675–85.

7. *now growing faster:* M. W. Salzer et al., "Recent unprecedented treering growth in bristlecone pine at

the highest elevations and possible causes," *Proceedings of the National Academy of Sciences of the United States of America* 106, no. 48 (2009): 20348–53, doi:10.1073/pnas.0903029106.

8. *there are only 627 species:* A. Farjon, *A Natural History of Conifers* (Timber Press, 2008).
9. *about 60,000 are trees:* C. Tudge, *The Secret Life of Trees* (Allen Lane, 2005), 30.
10. *many tropical trees have now been aged:* D. M. A. Rozendaal and P. A. Zuidema, "Dendroecology in the tropics: A review," *Trees—Structure and Function* 25, no. 1 (2011): 3–16, doi:10.1007/s00468-010-0480-3.
11. *a study of trees felled in a logging concession:* J. Q. Chambers et al., "Ancient trees in Amazonia," *Nature* 391, no. 6663 (1998): 135–36, doi:10.1038/34325.
12. *tropical forests are known to be highly dynamic:* M. Martinez-Ramos and E. R. Alvarez-Buylla, "How old are tropical rain forest trees?," *Trends in Plant Science* 3, no. 10 (1998): 400–405, doi:10.1016/s1360-1385(98)01313-2.
13. *some millenarian trees in the Amazon:* W. F. Laurance et al., "Inferred longevity of Amazonian rainforest trees based on a long-term demographic study," *Forest Ecology and Management* 190, no. 2–3 (2004): 131–43; R. Condit et al., "Mortality-rates of 205 Neotropical tree and shrub species and the impact of a severe drought," *Ecological Monographs* 65 (1995): 419–39.

14. *the oldest trees are the slowest-growing ones:* S. Vieira et al., "Slow growth rates of Amazonian trees: Consequences for carbon cycling," *Proceedings of the National Academy of Sciences of the United States of America* 102, no. 51 (2005): 18502–7, doi:10.1073/pnas.0505966102.

15. *such as the Mexican* Astrocaryum *palm:* J. Silvertown et al., "Evolution of senescence in iteroparous perennial plants," *Evolutionary Ecology Research* 3 (2001): 1–20.

16. *I studied another clear example myself in the Adirondacks:* J. Silvertown, *Demons in Eden: The Paradox of Plant Diversity* (University of Chicago Press, 2005).

17. *old shoots grow with the same vigor as young ones:* M. Mencuccini et al., "Evidence for age-and size-mediated controls of tree growth from grafting studies," *Tree Physiology* 27, no. 3 (2007): 463–73.

18. *quotes a nonsense poem:* J. Joyce, *A Portrait of the Artist as a Young Man* (Penguin 1965), chap. 1.

19. *harder for a single mutant plant cell to multiply out of control:* J. H. Doonan and R. Sablowski, "Walls around tumours—why plants do not develop cancer," *Nature Reviews Cancer* 10, no. 11 (2010): 793–802, doi:10.1038/nrc2942.

20. *apple and flower varieties originated in this way:* N. Kingsbury, *Hybrid: The History and Science of Plant Breeding* (University of Chicago Press, 2009).

21. *mutational variation of this kind is surprisingly rare:* E. J. Klekowski Jr., *Mutation, Developmental*

Selection, and Plant Evolution (Columbia University Press, 1988).

22. *"A year for the stake. Three years for the field":* R. Foster, *Patterns of Thought: The Hidden Meaning of the Great Pavement of Westminster Abbey* (Jonathan Cape, 1991): 101.
23. *"There is a Yew-tree, pride of Lorton Vale":* William Wordsworth, "Yew Trees," in *Wordsworth's Poetical Works*, Oxford Edition (Oxford University Press, 1932), 84.
24. *still survives in Lorton:* " 'Yew Trees' by William Wordsworth," Visit Cumbria, accessed September 12, 2012, http://www.visitcumbria.com/cm/lorton-yew-trees.htm.
25. *Trees with dense wood:* J. Chave et al., "Towards a worldwide wood economics spectrum," *Ecology Letters* 12, no. 4 (2009): 351–66, doi:10.1111/j.1461-0248.2009.01285.x.
26. *as much as 86 percent resin by weight:* C. Loehle, "Tree life histories: The role of defences," *Canadian Journal of Forest Research* 18 (1988): 209–22.
27. *chemically defended species live longer:* M. A. Blanco and P. W. Sherman, "Maximum longevities of chemically protected and non-protected fishes, reptiles, and amphibians support evolutionary hypotheses of aging," *Mechanisms of Ageing and Development* 126, no. 6–7 (2005): 794–803, doi:10.1016/j.mad.2005.02.006.
28. *Several studies of tree rings:* S. E. Johnson and M. D. Abrams, "Age class, longevity and growth rate

relationships: Protracted growth increases in old trees in the eastern United States," *Tree Physiology* 29, no. 11 (2009): 1317–28, doi:10.1093/treephys/tpp068; B. A. Black et al., "Relationships between radial growth rates and life span within North American tree species," *Ecoscience* 15, no. 3 (2008): 349–57, doi:10.2980/15-3-3149; C. Bigler and T. T. Veblen, "Increased early growth rates decrease longevities of conifers in subalpine forests," *Oikos* 118, no. 8 (2009): 1130–38, doi:10.1111/j.1600-0706.2009.17592.x.

29. *when investigators stressed the plants by removing leaves:* K. E. Rose et al., "The costs and benefits of fast living," *Ecology Letters* 12, no. 12 (2009): 1379–84, doi:10.1111/j.1461-0248.2009.01394.x.

30. *seen in laboratory studies of* Caenorhabditis elegans: W. A. Van Voorhies et al., "The longevity of *Caenorhabditis elegans* in soil," *Biology Letters* 1, no. 2 (2005): 247–49, doi:10.1098/rsbl.2004.0278; D. W. Walker et al., "Natural selection: Evolution of life span in *C. elegans*," *Nature* 405, no. 6784 (2000): 296–97.

31. *a study of senescence in long-leaved plantain:* D. A. Roach, "Environmental effects on age-dependent mortality: A test with a perennial plant species under natural and protected conditions," *Experimental Gerontology* 36, no. 4–6 (2001): 687–94.

32. *Outeniqua yellowwood:* "*Afrocarpus falcatus*, " *Gymnosperm Database*, ed. C. J. Earle, accessed December 21, 2012, http://www.conifers.org/po/Afrocarpus_falcatus.php.

33. *have been estimated to be 11,700 years old:* F. C. Vasek, "Creosote bush: Long-lived clones in the Mohave desert," *American Journal of Botany* 67 (1980): 246–55.

34. *Clonal plants can reach enormous ages:* S. Arnaud-Haond et al., "Implications of extreme life span in clonal organisms: Millenary clones in meadows of the threatened seagrass *Posidonia oceanica*," *PLoS One* 7, no. 2 (2012): e30454.

35. *should not be regarded as old:* E. Clarke, "Plant individuality: A solution to the demographer's dilemma," *Biological Philosophy* (2012), doi:10.1007/s10539-012-9309-3.

36. *clones that are hundreds of years old:* E. Oinonen, "The correlation between the size of Finnish bracken (*Pteridium aquilinum* (L.) Kuhn) clones and certain periods of site history," *Acta Forestalia Fennica* 83 (1967): 1–51.

37. *clones that were up to 10,000 years old:* D. Ally et al., "Aging in a longlived clonal tree," *PLoS Biology* 8, no. 8 (2010), doi:e100045410.1371/journal.pbio.1000454.

38. *the rapid loss of fertility in men:* S. Jones, *Y: The Descent of Men* (Little Brown, 2002), 74.

39. *there are flowering genes:* M. C. Albani and G. Coupland, "Comparative analysis of flowering in annual and perennial plants," in "Plant development," ed. M. C. P. Timmermans, *Current Topics in Developmental Biology* 91 (2010): 323–48; doi:10.1016/S0070-2153(10)91011-9; R. Amasino,

"Floral induction and monocarpic versus polycarpic life histories," *Genome Biology* 10, no. 7 (2009), doi:22810.1186/gb-2009-10-7-228; S. Melzer et al., "Flowering-time genes modulate meristem determinacy and growth form in *Arabidopsis thaliana*," *Nature Genetics* 40, no. 12 (2008): 1489–92, doi:10.1038/ng.253; J. Silvertown, "A binary classification of plant life histories and some possibilities for its evolutionary application," *Evolutionary Trends in Plants* 3 (1989): 87–90; H. Thomas et al., "Annuality, perenniality and cell death," *Journal of Experimental Botany* 51, no. 352 (2000): 1781–88.

第六章　高瞻遠矚的解決方案　天擇

1. *"E, I sing for Evolution":* Steve Knightly, "Evolution," on *Arrogance, Ignorance and Greed* (2009), by Show of Hands, Hands on Music, HMCD 29.
2. *a traditional tale of the Hausa:* T. R. Cole and M. G. Winkler, eds., *The Oxford Book of Aging* (Oxford University Press, 1994), 259.
3. *"Death is a Dialogue":* First verse of poem no. 976, in E. Dickinson, *The Complete Poems of Emily Dickinson*, ed. T. H. Johnson (Little Brown, 1960), 456.
4. *"Death be not proud": Poems of John Donne,* ed. E. K. Chambers (Lawrence & Bullen, 1896), Kindle edition.

5. *a bet with another poet:* W. Davies and R. Maud, eds., *Dylan Thomas Collected Poems 1934–1953* (Dent, 1994) (poem, 56; commentary, 208–9).
6. *"After death nothing is":* From Seneca's "Troades," trans. John Wilmot, Earl of Rochester (1647–1680), in J. Wilmot, *The Works of the Earl of Rochester* (Wordsworth Editions, 1995).
7. *nineteenth-century German biologist August Weismann:* A. Weismann, *Essays upon Heredity and Kindred Biological Problems* (Clarendon Press, 1891).
8. *British biologist Peter Medawar:* P. B. Medawar, *The Uniqueness of the Individual* (Methuen, 1957); P. B. Medawar, "Old age and natural death," *Modern Quarterly*, vol. 2 (1946): 30–56.
9. *frequency of the ε4 allele:* F. Drenos and T. B. L. Kirkwood, "Selection on alleles affecting human longevity and late-life disease: The example of apolipoprotein E," *PLoS One* 5, no. 3 (2010), doi:e1002210.1371/journal.pone.0010022.
10. *related to the immune system:* C. E. Finch, *The Biology of Human Longevity* (Academic Press, 2007).
11. *mutations that increase susceptibility to rheumatoid arthritis:* E. Corona et al., "Extreme evolutionary disparities seen in positive selection across seven complex diseases," *PLoS One* 5, no. 8 (2010), doi:e1223610.1371/journal.pone.0012236.
12. *exposed humans to many new diseases:* J. Diamond, *Guns, Germs and Steel* (Chatto & Windus, 1997).

13. *American biologist George C. Williams:* G. C. Williams, "Pleiotropy, natural selection, and the evolution of senescence," *Evolution* 11 (1957): 398–411.

14. *a Mrs. Rajo Devi gave birth at the age of 70:* Devendra Uppal, "Childless for 50 yrs, mother at 70," *Hindustan Times*, December 8, 2008, http://www.hindustantimes.com/News-Feed/haryana/Childless-for-50-yrs-mother-at-70/Article1-356574.aspx.

15. *record of reproduction back 1,200 years:* D. E. L. Promislow, "Longevity and the barren aristocrat," *Nature* 396, no. 6713 (1998): 719–20.

16. *A study of two villages in Gambia:* D. P. Shanley et al., "Testing evolutionary theories of menopause," *Proceedings of the Royal Society of London, Series B: Biological Sciences* 274, no. 1628 (2007): 2943–49, doi:10.1098/rspb.2007.1028.

17. *births and deaths in premodern Finland:* M. Lahdenpera et al., "Fitness benefits of prolonged post-reproductive life span in women," *Nature* 428, no. 6979 (2004): 178–81.

18. *survival of grandfathers:* M. Lahdenpera et al., "Selection for long life span in men: Benefits of grandfathering?," *Proceedings of the Royal Society of London, Series B: Biological Sciences* 274, no. 1624 (2007): 2437–44.

19. *experienced a fourteenfold increase in mortality:* E. A. Foster et al., "Adaptive prolonged

postreproductive life span in killer whales," *Science* 337, no. 6100 (2012): 1313, doi:10.1126/science.1224198.

20. *Without such a close-knit family structure:* R. A. Johnstone and M. A. Cant, "The evolution of menopause in cetaceans and humans: The role of demography," *Proceedings of the Royal Society of London, Series B: Biological Sciences* 277, no. 1701 (2010): 3765–71, doi:10.1098/rspb.2010.0988.

21. *women are the more robust sex:* S. N. Austad, "Why women live longer than men: Sex differences in longevity," *Gender Medicine* 3, no. 2 (2006): 79–92.

22. *viruses:* M. De Paepe and F. Taddei, "Viruses' life history: Towards a mechanistic basis of a trade-off between survival and reproduction among phages," *PLoS Biology* 4, no. 7 (2006): 1248–56, doi:e19310.1371/journal.pbio.0040193.

23. *every species at which anyone has ever looked:* W. A. Van Voorhies et al., "Do longevity mutants always show trade-offs?," *Experimental Gerontology* 41, no. 10 (2006): 1055–58, doi:10.1016/j.exger.2006.05.006.

24. *Arnold Schoenberg summarized his art:* D. Zanette, "Playing by numbers," *Nature* 453 (June 19, 2008): 988–89.

25. *longer-lived mutants disappeared:* N. L. Jenkins et al., "Fitness cost of extended life span in

Caenorhabditis elegans," *Proceedings of the Royal Society of London, Series B: Biological Sciences* 271, no. 1556 (2004): 2523–26, doi:10.1098/rspb.2004.2897.

26. *Another* C. elegans *longevity gene, called* clk-1: J. Chen et al., "A demographic analysis of the fitness cost of extended longevity in *Caenorhabditis elegans*," *Journals of Gerontology, Series A, Biological Sciences and Medical Sciences* 62, no. 2 (2007): 126–35.

27. C. elegans *that were fed with resveratrol:* J. Gruber et al., "Evidence for a trade-off between survival and fitness caused by resveratrol treatment of *Caenorhabditis elegans*," in *Biogerontology: Mechanisms and Interventions*, ed. S. I. S. Rattan and S. Akman, Annals of the New York Academy of Sciences, 1100 (New York Academy of Sciences, 2007), 530–42.

28. *fruit flies lacking ovaries lived significantly longer:* J. Maynard Smith, "The effects of temperature and of egg-laying on the longevity of *Drosophila subobscura*," *Journal of Experimental Biology* 35 (1958): 832–42.

29. *reproductive cells generate chemical signals:* T. Flatt, "Survival costs of reproduction in *Drosophila*," *Experimental Gerontology* 46, no. 5 (2011): 369–75, doi:10.1016/j.exger.2010.10.008.

30. *in the natural environment of the soil:* W. A. Van Voorhies et al., "The longevity of *Caenorhabditis elegans* in soil," *Biology Letters* 1, no. 2 (2005): 247–49, doi:10.1098/rsbl.2004.0278.

31. *animals in zoos are cosseted like royalty:* R. E. Ricklefs and C. D. Cadena, "Lifespan is unrelated to investment in reproduction in populations of mammals and birds in captivity," *Ecology Letters* 10, no. 10 (2007): 867–72; R. E. Ricklefs and C. D. Cadena, "Rejoinder to Ricklefs and Cadena (2007): Response to Mace and Pelletier," *Ecology Letters* 10, no. 10 (2007): 874–75, doi:10.1111/j.1461-0248.2007.01103.x.

第七章　絲梅蕾的犧牲　自殺

1. *"I shall live in my fame":* Ovid, *Metamorphoses* (Penguin, 2004).
2. *literature is suffused with the influence of Ovid's* Metamorphoses: S. A. Brown, *Ovid: Myth and Metamorphosis* (Bristol Classical Press, 2005).
3. *Among the works of this prolific author:* George Frideric Handel, *Semele*, performed by Monteverde Choir & English Baroque soloists, conducted by John Elliot Gardiner, sleeve notes, released February 3, 1993, Erato 2292-45982-2, 1993.
4. *Eels make a one-way trip:* T. Fort, *The Book of Eels* (Harper Collins, 2002).
5. *Many squid and octopus species are semelparous:* F. Rocha et al., "A review of reproductive strategies in cephalopods," *Biological Reviews* 76, no. 3 (2001): 291–304; L. C. Hendrickson and D. R. Hart,

"An age-based cohort model for estimating the spawning mortality of semelparous cephalopods with an application to per-recruit calculations for the northern shortfin squid, *Illex illecebrosus*," *Cephalopod Stock Assessment Workshop* (2004): 4–13, doi:10.1016/j.fishres.2005.12.005.

6. *Some snakes are semelparous:* R. Shine, "Reproductive strategies in snakes," *Proceedings of the Royal Society of London, Series B: Biological Sciences* 270, no. 1519 (2003): 995–1004, doi:10.1098/rspb.2002.2307; K. B. Karsten et al., "A unique life history among tetrapods: An annual chameleon living mostly as an egg," *Proceedings of the National Academy of Sciences of the United States of America* 105, no. 26 (2008): 8980–84, doi:10.1073/pnas.0802468105.

7. *American biologist Lamont C. Cole:* L. C. Cole, "The population consequences of life history phenomena," *Quarterly Review of Biology* 29, no. 2 (1954): 103–37, doi:10.1086/400074.

8. *The rule is that for a repeat breeder:* M. Bulmer, *Theoretical Evolutionary Ecology* (Sinauer Associates, 1994).

9. *and animals now reproduce precociously:* M. E. Jones et al., "Life-history change in disease-ravaged Tasmanian devil populations," *Proceedings of the National Academy of Sciences of the United States of America* 105, no. 29 (2008): 10023–27, doi:10.1073/pnas.0711236105.

10. *in the brown antechinus:* C. E. Holleley et al., "Size breeds success: Multiple paternity, multivariate

selection and male semelparity in a small marsupial, *Antechinus stuartii*," *Molecular Ecology* 15, no. 11 (2006): 3439–48, doi:10.1111/j.1365-294X.2006.03001.x.

11. *Males' physiology overdoses on testosterone:* R. Naylor et al., "Boom and bust: A review of the physiology of the marsupial genus *Antechinus*," *Journal of Comparative Physiology B: Biochemical, Systemic, and Environmental Physiology* 178, no. 5 (2008): 545–62, doi:10.1007/s00360-007-0250-8; M. Wolkewitz et al., "Is 27 really a dangerous age for famous musicians? Retrospective cohort study," *British Medical Journal* 343 (2011), doi:10.1136/bmj.d7799.

12. *favors multiple mating:* Wolkewitz et al., "Is 27 really a dangerous age?; K. Kraaijeveld et al., "Does female mortality drive male semelparity in dasyurid marsupials?," *Proceedings of the Royal Society of London, Series B: Biological Sciences* 270 (2003): S251–S253.

13. *some of those males were not semelparous:* K. M. Wolfe et al., "Postmating survival in a small marsupial is associated with nutrient inputs from seabirds," *Ecology* 85, no. 6 (2004): 1740–46.

14. *The capelin is a marine fish:* J. S. Christiansen et al., "Facultative semelparity in capelin *Mallotus villosus* (Osmeridae): An experimental test of a life history phenomenon in a sub-arctic fish," *Journal of Experimental Marine Biology and Ecology* 360, no. 1 (2008): 47–55, doi:10.1016/j.jembe.2008.04.003.

15. *insects and spiders:* D. W. Tallamy and W. P. Brown, "Semelparity and the evolution of maternal care in

insects," *Animal Behaviour* 57 (1999): 727–30.

16. *Females of the crab spider:* K. Futami and S. Akimoto, "Facultative second oviposition as an adaptation to egg loss in a semelparous crab spider," *Ethology* 111, no. 12 (2005): 1126–38.

17. *Japanese hump earwig:* S. Suzuki et al., "Matriphagy in the hump earwig, *Anechura harmandi* (Dermaptera: Forficulidae), increases the survival rates of the offspring," *Journal of Ethology* 23, no. 2 (2005): 211–13, doi:10.1007/s10164-005-0145-7.

18. *Fish then swim to the shore:* I. A. Fleming and M. R. Gross, "Evolution of adult female life history and morphology in a Pacific salmon (coho: *Oncorhynchus kisutch*)," *Evolution* 43, no. 1 (1989): 141–57.

19. *Salmon use Earth's magnetic field:* K. J. Lohmann et al., "Geomagnetic imprinting: A unifying hypothesis of long-distance natal homing in salmon and sea turtles," *Proceedings of the National Academy of Sciences of the United States of America* 105, no. 49 (2008): 19096–101, doi:10.1073/pnas.0801859105; H. Bandoh et al., "Olfactory responses to natal stream water in sockeye salmon by BOLD fMRI," *PLoS One* 6, no. 1 (2011), doi:10.1371/journal.pone.0016051.

20. *transfer of nutrients from salmon:* M. D. Hocking and J. D. Reynolds, "Impacts of salmon on riparian plant diversity," *Science* 331, no. 6024 (2011): 1609–12, doi:10.1126/science.1201079.

21. *Predation has such a strong effect:* S. M. Carlson et al., "Predation by bears drives senescence in natural

populations of salmon," *PLoS One* 2, no. 12 (2007), doi:10.1371/journal.pone.0001286.

22. *a greater weight of eggs:* B. J. Crespi and R. Teo, "Comparative phylogenetic analysis of the evolution of semelparity and life history in salmonid fishes," *Evolution* 56, no. 5 (2002): 1008–20.

23. *the Atlantic species is a repeat breeder:* I. A. Fleming, "Reproductive strategies of Atlantic salmon: Ecology and evolution," *Reviews in Fish Biology and Fisheries* 6, no. 4 (1996): 379–416, doi:10.1007/bf00164323; C. Garcia de Leaniz et al., "A critical review of adaptive genetic variation in Atlantic salmon: Implications for conservation," *Biological Reviews* 82, no. 2 (2007): 173–211, doi:10.1111/j.1469-185X.2006.00004.x.

24. *fewer than one in ten:* Fleming, "Reproductive strategies of Atlantic salmon."

25. *which gives the jacks a relative advantage:* M. R. Gross, "Disruptive selection for alternative life histories in salmon," *Nature* 313 (1985): 47–48; Y. Tanaka et al., "Breeding games and dimorphism in male salmon," *Animal Behaviour* 77, no. 6 (2009): 1409–13, doi:10.1016/j.anbehav.2009.01.039.

26. *jacks are delayed in migrating:* M. Buoro et al., "Investigating evolutionary trade-offs in wild populations of Atlantic salmon (*Salmo salar*): Incorporating detection probabilities and individual heterogeneity," *Evolution* 64, no. 9 (2010): 2629–42, doi:10.1111/j.1558-5646.2010.01029.x.

27. *bamboos achieve flowering synchrony:* D. H. Janzen, "Why bamboos wait so long to flower," *Annual*

Review of Ecology and Systematics 7 (1976): 347–91.

28. *Giant pandas feed exclusively on the leaves of semelparous bamboos:* J. Carter et al., "Giant panda (*Ailuropoda melanoleuca*) population dynamics and bamboo (subfamily Bambusoideae) life history: A structured population approach to examining carrying capacity when the prey are semelparous," *Ecological Modelling* 123, no. 2–3 (1999): 207–23; K. G. Johnson et al., "Responses of giant pandas to a bamboo die-off," *National Geographic Research* 4 (1988): 161–77.
29. *decaying bodies create a pulse of nitrogen:* L. H. Yang, "Periodical cicadas as resource pulses in North American forests," *Science* 306, no. 5701 (2004): 1565–67.
30. *The century plant* Agave americana: M. Rocha et al., "Reproductive ecology of five sympatric *Agave littaea* (Agavaceae) species in Central Mexico," *American Journal of Botany* 92, no. 8 (2005): 1330–41.

第八章　活得快，死得早　步調

1. *"Every night I'm in a different town":* Venom, "Live Like an Angel," on *Welcome to Hell* (1981), accessed September 13, 2012, http://lyrics.rockmagic.net/lyrics/venom/welcome_to_hell_1981.html#s05.
2. *many of the kind die at 27: Wikipedia*, s.v. "The 27 Club," accessed September 13, 2012, http://

en.wikipedia.org/wiki/27_Club.

3. *alcohol poisoning:* "Winehouse died from alcohol poisoning after going on drinking binge": *Guardian*, October 27, 2011, 5.

4. *propensity to die at age 27:* M. Wolkewitz et al., "Is 27 really a dangerous age for famous musicians? Retrospective cohort study," *British Medical Journal* 343 (2011), doi:10.1136/bmj.d7799.

5. *shrew burns energy at twenty-five times the rate of a rock star:* D. W. MacDonald, ed., *The New Encyclopedia of Mammals* (Oxford University Press, 2001).

6. *more than 600 beats per minute:* J. T. Bonner, *Why Size Matters* (Princeton University Press, 2006), 117.

7. *he didn't always get the numbers:* I. L. Goldman, "Raymond Pearl, smoking and longevity," *Genetics* 162, no. 3 (2002): 997–1001.

8. *Although the patients died:* R. Pearl, "Cancer and tuberculosis," *American Journal of Hygiene* 9, no. 1 (1929): 97–159; R. Pearl et al., "Experimental treatment of cancer with tuberculin," *Lancet* 1 (1929): 1078–80.

9. *Pearl pursued a mathematical solution:* H. S. Jennings, "Biographical memoir of Raymond Pearl, 1879–1940," *National Academy of the United States of America Biographical Memoirs* 22, no. 14 (1942):

294–347.

10. *destroyed by a lab fire:* R. Pearl, "An appeal," *Science (New York, NY)* 50, no. 1301 (1919): 524–25, doi:10.1126/science.50.1301.524-a.

11. *his French horn reportedly "blew up":* S. E. Kingsland, "Raymond Pearl: On the frontier in the 1920s—Raymond Pearl Memorial Lecture (1983)," *Human Biology* 56, no. 1 (1984): 1–18.

12. *beer was brewed clandestinely:* S. Mayfield, *The Constant Circle: H. L. Mencken and His Friends* (Delacorte Press, 1968).

13. *effects on the growth of seedlings:* R. Pearl and A. Allen, "The influence of alcohol upon the growth of seedlings," *Journal of General Physiology* 8, no. 3 (1926): 215–31, doi:10.1085/jgp.8.3.215.

14. *modest imbibing can lengthen life:* R. Lakshman et al., "Is alcohol beneficial or harmful for cardioprotection?," *Genes and Nutrition* 5, no. 2 (2010): 111–20, doi:10.1007/s12263-009-0161-2.

15. *moderate smoking was harmful to longevity:* R. Pearl, "Studies on human longevity VII. Tobacco smoking and longevity," *Science* 87 (1938): 216–17.

16. *his 1926 book* Alcohol and Longevity: R. Pearl, *Alcohol and Longevity* (Alfred Knopf, 1926).

17. *novel published in 1925 by Sinclair Lewis:* H. S. Lewis, *Arrowsmith* (New American Library, 1925), 387.

18. *In his book* The Rate of Living: R. Pearl, *The Rate of Living, Being an Account of Some Experimental Studies on the Biology of Life Duration* (Alfred Knopf, 1928).
19. *his lecture series "The Biology of Death"*: R. Pearl, *The Biology of Death* (J. B. Lippincott, 1922).
20. *a popular article in the* Baltimore Sun: S. N. Austad, *Why We Age* (Wiley, 1997), 76.
21. *cooler water fleas lived longer:* J. W. MacArthur and W. H. T. Baillie, "Metabolic activity and duration of life II. Metabolic rates and their relation to longevity in *Daphnia magna*," *Journal of Experimental Zoology* 53, no. 2 (1929): 243–68, doi:10.1002/jez.1400530206.
22. *answer finally just popped into his head:* K. Kitani and G. O. Ivy, "I thought, thought, thought for four months in vain and suddenly the idea came"—An interview with Denham and Helen Harman," *Biogerontology* 4, no. 6 (2003): 401–12, doi:10.1023/b:bgen.0000006561.15498.68.
23. *for nearly a decade after he published:* D. Harman, "Aging: A theory based on free-radical and radiation chemistry," *Journal of Gerontology* 11, no. 3 (1956): 298–300.
24. *whether this damage is the most important cause of aging:* A. A. Freitas and J. P. de Magalhães, "A review and appraisal of the DNA damage theory of ageing," *Mutation Research—Reviews in Mutation Research* 728, no. 1–2 (2011): 12–22, doi:10.1016/j.mrrev.2011.05.001.
25. *"That on the ashes of his youth doth lie":* William Shakespeare, Sonnet no. 73, in *The Complete Works*

of William Shakespeare, Royal Shakespeare Company Edition, ed. J. Bate and E. Rasmussen (Macmillan, 2006).

26. *uncovering its living mechanism:* K. B. Beckman and B. N. Ames, "The free radical theory of aging matures," *Physiological Reviews* 78, no. 2 (1998): 547–81.

27. *conserve energy by hibernation:* S. N. Austad and K. E. Fischer, "Mammalian aging, metabolism, and ecology: Evidence from the bats and marsupials," *Journals of Gerontology, Biological Sciences* 46, no. 2 (1991): B47–B53.

28. *Birds show an even more deviant pattern than bats:* D. J. Holmes et al., "Comparative biology of aging in birds: An update," *Experimental Gerontology* 36, no. 4–6 (2001): 869–83, doi:10.1016/s0531-5565(00)00247-3.

29. *a database called AnAge:* AnAge: The Animal Ageing and Longevity Database, accessed December 30, 2011, http://genomics.senescence.info/species/.

30. *no correlation between longevity and metabolic rate:* J. P. de Magalhães et al., "An analysis of the relationship between metabolism, developmental schedules, and longevity using phylogenetic independent contrasts," *Journals of Gerontology, Series A, Biological Sciences and Medical Sciences* 62, no. 2 (2007): 149–60.

31. *longer life in subterranean mammals:* R. M. Sibly and J. H. Brown, "Effects of body size and lifestyle on evolution of mammal life histories," *Proceedings of the National Academy of Sciences of the United States of America* 104, no. 45 (2007): 17707–12, doi:10.1073/pnas.0707725104.

32. *chemical defenses that make an animal unpalatable:* M. A. Blanco and P. W. Sherman, "Maximum longevities of chemically protected and nonprotected fishes, reptiles, and amphibians support evolutionary hypotheses of aging," *Mechanisms of Ageing and Development* 126, no. 6–7 (2005): 794–803, doi:10.1016/j.mad.2005.02.006.

33. *hibernation:* C. Turbill et al., "Hibernation is associated with increased survival and the evolution of slow life histories among mammals," *Proceedings of the Royal Society of London, Series B: Biological Sciences* 278, no. 1723 (2011): 3355–63, doi:10.1098/rspb.2011.0190.

34. *living in trees:* M. R. Shattuck and S. A. Williams, "Arboreality has allowed for the evolution of increased longevity in mammals," *Proceedings of the National Academy of Sciences of the United States of America* 107, no. 10 (2010): 4635–39, doi:10.1073/pnas.0911439107.

35. *body armor:* J. W. Gibbons, "Why do turtles live so long?," *BioScience* 37, no. 4 (1987): 262–69, doi:10.2307/1310589.

36. *George C. Williams predicted exactly such a pattern:* G. C. Williams, "Pleiotropy, natural selection, and

the evolution of senescence," *Evolution* 11 (1957): 398–411.

37. *available data for birds and mammals:* R. E. Ricklefs, "Evolutionary theories of aging: Confirmation of a fundamental prediction, with implications for the genetic basis and evolution of life span," *American Naturalist* 152 (1998): 24–44.

38. *same generation times senesce at the same rate:* O. R. Jones et al., "Senescence rates are determined by ranking on the fast-slow life-history continuum," *Ecology Letters* 11, no. 7 (2008): 664–73, doi:10.1111/j.1461-0248.2008.01187.x.

39. *really put to an unequivocal test:* S. C. Stearns et al., "Experimental evolution of aging, growth, and reproduction in fruitflies," *Proceedings of the National Academy of Sciences of the United States of America* 97, no. 7 (2000): 3309–13.

40. *earlier reproduction in flies:* T. Flatt, "Survival costs of reproduction in *Drosophila*," *Experimental Gerontology* 46, no. 5 (2011): 369–75, doi:10.1016/j.exger.2010.10.008.

41. *classified as a single species:* M. O. Winfield et al., "A brief evolutionary excursion comes to an end: The genetic relationship of British species of *Gentianella* sect. *Gentianella* (Gentianaceae)," *Plant Systematics and Evolution* 237, no. 3–4 (2003): 137–51, doi:10.1007/s00606-002-0248-3.

42. *"They were falling apart":* interview with Steven N. Austad, State of Tomorrow (University of

Texas Foundation), accessed January 7, 2012, http://www.stateoftomorrow.com/stories/transcripts/AustadInterviewTranscript.pdf.

43. *wandered around during the day:* S. N. Austad, *Why We Age* (Wiley, 1997), 114.

44. *rate of aging was about half:* S. N. Austad, "Retarded senescence in an insular population of Virginia opossums (*Didelphis virginiana*)," *Journal of Zoology* 229 (1993): 695–708.

45. *Primates are tree dwellers:* M. R. Shattuck and S. A. Williams, "Arboreality has allowed for the evolution of increased longevity in mammals," *Proceedings of the National Academy of Sciences of the United States of America* 107, no. 10 (2010): 4635–39, doi:10.1073/pnas.0911439107.

46. *species with bigger brains live longer:* C. Gonzalez-Lagos et al., "Largebrained mammals live longer," *Journal of Evolutionary Biology* 23, no. 5 (2010): 1064–74, doi:10.1111/j.1420-9101.2010.01976.x.

第九章　青春永駐？　機制

1. *Robert Heinlein's science fiction novel:* R. A. Heinlein, *Methuselah's Children* (New English Library, 1980), originally published 1941.

2. *life span has advanced by nearly 15 minutes per hour:* J. Oeppen and J. W. Vaupel, "Demography: Broken limits to life expectancy," *Science* 296, no. 5570 (2002): 1029–31.

3. *failed to show any clear benefits:* D. Giustarini et al., "Oxidative stress and human diseases: Origin, link, measurement, mechanisms, and biomarkers," *Critical Reviews in Clinical Laboratory Sciences* 46, no. 5–6 (2009): 241–81, doi:10.3109/10408360903142326.
4. *oxygen free radicals are not just dangerous by-products:* J. P. de Magalhães and G. Church, "Cells discover fire: Employing reactive oxygen species in development and consequences for aging," *Experimental Gerontology* 41, no. 1 (2006): 1–10, doi:10.1016/j.exger.2005.09.002.
5. *the ocean quahog:* Z. Ungvari et al., "Extreme longevity is associated with increased resistance to oxidative stress in *Arctica islandica*, the longest-living noncolonial animal," *Journals of Gerontology, Series A, Biological Sciences and Medical Sciences* 66, no. 7 (2011): 741–50, doi:10.1093/gerona/glr044.
6. *tiny cave-dwelling olm salamander:* J. Issartel et al., "High anoxia tolerance in the subterranean salamander *Proteus anguinus* without oxidative stress nor activation of antioxidant defenses during reoxygenation," *Journal of Comparative Physiology B: Biochemical, Systemic, and Environmental Physiology* 179, no. 4 (2009): 543–51, doi:10.1007/s00360-008-0338-9.
7. *tolerate these levels of stress:* K. N. Lewis et al., "Stress resistance in the naked mole-rat: The bare essentials: A mini-review," *Gerontology* 58, no. 5 (2012): 453–62.

8. *no effect on how long the animals live:* J. R. Speakman and C. Selman, "The free-radical damage theory: Accumulating evidence against a simple link of oxidative stress to ageing and life span," *Bioessays* 33, no. 4 (2011): 255–59, doi:10.1002/bies.201000132.

9. *signals which males are best fortified:* T. von Schantz et al., "Good genes, oxidative stress and condition-dependent sexual signals," *Proceedings of the Royal Society of London, Series B: Biological Sciences* 266, no. 1414 (1999): 1–12, doi:10.1098/rspb.1999.0597.

10. *males that females preferred:* C. R. Freeman-Gallant et al., "Oxidative damage to DNA related to survivorship and carotenoid-based sexual ornamentation in the common yellowthroat," *Biology Letters* 7, no. 3 (2011): 429–32, doi:10.1098/rsbl.2010.1186.

11. *survived significantly longer:* N. Saino et al., "Antioxidant defenses predict long-term survival in a passerine bird," *PLoS One* 6, no. 5 (2011), doi:e1959310.1371/journal.pone.0019593.

12. *reproductive success is correlated with carotenoid concentration:* R. J. Safran et al., "Positive carotenoid balance correlates with greater reproductive performance in a wild bird," *PLoS One* 5, no. 2 (2010), doi:e942010.1371/journal.pone.0009420.

13. *"senescence should always be a generalized deterioration":* G. C. Williams, "Pleiotropy, natural selection, and the evolution of senescence," *Evolution* 11 (1957): 398–411.

14. *everything except the germ line senesces:* R. Holliday and S. I. S. Rattan, "Longevity mutants do not establish any 'new science' of ageing," *Biogerontology* 11, no. 4 (2010): 507–11, doi:10.1007/s10522-010-9288-1.

15. *Aubrey de Grey, a maverick from Cambridge:* J. Weiner, *Long for This World: The Strange Science of Immortality* (Ecco, 2010).

16. *"Strategies for Engineered Negligible Senescence"*: A. de Grey, "Defeat of aging: Utopia or foreseeable scientific reality," in *Future of Life and the Future of Our Civilization*, ed. V. Burdyuzha (Springer 2006), 277–90.

17. *it comprises ten separate diseases:* C. Curtis et al., "The genomic and transcriptomic architecture of 2,000 breast tumours reveals novel subgroups," *Nature* 486, no. 7403 (2012), 346–52, doi:10.1038/nature10983.

18. *discovered by Leonard Hayflick:* L. Hayflick and P. S. Moorhead, "Serial cultivation of human diploid cell strains," *Experimental Cell Research* 25, no. 3 (1961): 585–621, doi:10.1016/0014-4827(61)90192-6.

19. *it seemed like an obvious cause of aging:* J. W. Shay and W. E. Wright, "Hayflick, his limit, and cellular ageing," *Nature Reviews Molecular Cell Biology* 1, no. 1 (2000): 72–76.

20. *a structure involved with the replication of DNA*: E. H. Blackburn et al., "Telomeres and telomerase: The path from maize, *Tetrahymena* and yeast to human cancer and aging," *Nature Medicine* 12, no. 10 (2006): 1133–38.

21. *between six and nine feet long:* S. Chen, "Length of a human DNA molecule," in *The Physics Factbook,* ed. Glenn Elert, accessed January 25, 2012, http://hypertextbook.com/facts/1998/StevenChen.shtml.

22. *replicative senescence limits life span:* L. Hayflick, "Human cells and aging," *Scientific American* 218, no. 3 (1968): 32–37.

23. *mouse cells can replicate indefinitely in the lab:* K. A. Mather et al., "Is telomere length a biomarker of aging? A review," *Journals of Gerontology, Series A, Biological Sciences and Medical Sciences* 66, no. 2 (2011): 202–13, doi:10.1093/gerona/glq180.

24. *all cancer cells produce telomerase:* J. W. Shay and W. E. Wright, "Role of telomeres and telomerase in cancer," *Seminars in Cancer Biology* 21, no. 6 (2011): 349–53, doi:10.1016/j.semcancer.2011.10.001.

25. *telomerase activity in fifteen different rodent species:* A. Seluanov et al., "Telomerase activity coevolves with body mass not life span," *Aging Cell* 6, no. 1 (2007): 45–52, doi:10.1111/j.1474-9726.2006.00262.x.

26. *critical size at which telomerase becomes a costly cancer risk:* N. M. V. Gomes et al., "Comparative biology of mammalian telomeres: Hypotheses on ancestral states and the roles of telomeres in longevity

determination," *Aging Cell* 10, no. 5 (2011): 761–68, doi:10.1111/j.1474-9726.2011.00718.x.

27. *individuals with longer telomeres:* P. Bize et al., "Telomere dynamics rather than age predict life expectancy in the wild," *Proceedings of the Royal Society of London, Series B: Biological Sciences* 276, no. 1662 (2009): 1679–83, doi:10.1098/rspb.2008.1817; C. M. Vleck et al., "Evolutionary ecology of senescence: A case study using tree swallows, *Tachycineta bicolor*," *Journal of Ornithology* 152 (2011): 203–11, doi:10.1007/s10336-010-0629-2; H. M. Salomons et al., "Telomere shortening and survival in free-living corvids," *Proceedings of the Royal Society of London, Series B: Biological Sciences* 276, no. 1670 (2009): 3157–65, doi:10.1098/rspb.2009.0517; C. G. Foote et al., "Individual state and survival prospects: Age, sex, and telomere length in a long-lived seabird," *Behavioral Ecology* 22, no. 1 (2011): 156–61, doi:10.1093/beheco/arq178.

28. *mortality and telomere length:* R. M. Cawthon et al., "Association between telomere length in blood and mortality in people aged 60 years or older," *Lancet* 361, no. 9355 (2003): 393–95.

29. *a review of those studies conducted in 2011:* Mather et al., "Is telomere length a biomarker of aging?"

30. *how good you look for your age:* D. A. Gunn et al., "Perceived age as a biomarker of ageing: A clinical methodology," *Biogerontology* 9, no. 5 (2008): 357–64, doi:10.1007/s10522-008-9141-y.

31. *removing senescent cells:* D. J. Baker et al., "Clearance of p16Ink4apositive senescent cells delays

ageing-associated disorders," *Nature* 479, no. 7372 (2011): 232–36.

32. *induced senescent human cells to divide:* L. Lapasset et al., "Rejuvenating senescent and centenarian human cells by reprogramming through the pluripotent state," *Genes & Development* 25, no. 21 (2011): 2248–53, doi:10.1101/gad.173922.111.

33. *inequality of incomes:* R. Wilkinson and K. Pickett, *The Spirit Level: Why More Equal Societies Almost Always Do Better* (Penguin Books, 2010).

34. *the gap between rich and poor is large:* Wilkinson and Pickett, *The Spirit Level.*

中英對照表

文獻

三畫

《小婦人》 *Little Women*

《小酒館》 *Cabaret*

四畫

《巴爾的摩太陽報》 *Baltimore Sun*

五畫

〈生命為何？〉 What is Life?

《生與死的歷史》 *History of Life and Death—the Prolonging of Life*

《生命長度實驗研究》 *Experimental Studies on the Duration of Life*

《仕紳數學會刊》 *Gentleman's Mathematical Companion*

〈皮阿飛的情歌〉 The Love Song of J. Alfred Prufrock

《未解決的生物學問題》 *An Unsolved Problem of Biology*

〈永遠年輕〉 FOREVER YOUNG

六畫

〈自我之歌〉 Song of Myself

〈小鼠與人類的癌症與老化〉 Cancer and Ageing in Mice and Men

〈死神別驕傲〉 Death be not proud

七畫

八畫

九畫

十畫

十一畫

《國家地理雜誌》 *National Geographic*

《清醒生活的論述》 *Discorsi de la vita sobria*

十二畫

《幾何原本》 *Euclid's Elements*

〈提桑納斯〉 Tithonus

《喝杯茶，聊聊天》 *Over the Teacup*

《絲梅蕾》 *SEMELE*

十三畫

〈頌微生物之古老〉 Lines on the Antiquity of Microbe

十四畫

〈演化〉 EVOLUTION

《瑪土撒拉之子》 *Methuselah's Children*

《銀河便車指南》 *The Hitch hiker's Guide to the Galaxy*

十五畫

《暴風雨》 *Tempest*

十六畫

〈遺傳〉 HEREDITY

十九畫

〈懶惰的人為何比較長命〉 Why Lazy People Live the Longest

二十三畫

《變形記》 *Metamorphoses*

人名

七畫

狄更斯 Charles Dickens
伯納 Max Rubner
伯德西 Clarence Birdseye
伯恩斯 Robert Burns
克萊爾 John Clare
克倫威爾 Oliver Cromwell
克恩 Dieter Kern
克蔓特 Jeanne Calment
佛克 Jan Vlok
罕醉克斯 Jimi Hendrix

八畫

波普 Alexander Pope
波爾 Raymond Pearl
佩皮斯 Samuel Pepys
佩托 Richard Peto
亞里斯多德 Aristotle
亞當斯 Douglas Adams
拉克絲 Henrietta Lacks
拉蒙 Manuel Ramon
阿克帝恩 Actaeon
阿藍得伯爵帕爾 earl of Aarundel, Thomas Parr
阿羅史密斯博士 Dr. Martin Arrowsmith
阿斯塔德 Steven Austad
虎克 Robert Hooke
岡珀茨 Benjamin Gompertz
杰可士 Jaques
奈特利 Steve Knightly

九畫

珍·奧斯汀 Jane Austen
勃朗特 Brontë
美麗的蜜兒頓 Fair Katherine Milton

哈維　John Harvey
哈希兒　Grace Halsell
哈帝　Thomas Hardy
哈曼　Denham Harman
珂詠　Cynthia Kenyon
威廉斯　George C. Williams
柯爾　Lamont C. Cole

十畫

泰勒　John Taylor
格薩妲　Micaela Quezada
納許　Ogden Nash
納瑟西斯　Narcissus
海佛列克　Leonard Hayflick
海萊因　Robert Heinlein
荀白克　Arnold Schoenberg
馬加良斯　João Pedro de Magalhães
馬律伯勒公爵夫人海瑞塔　Henrietta, Duchess of Marlborough
索斯塔克　Jack Szostak

十一畫

莎士比亞　William Shakespeare
康格里夫　William Congreve
梭羅　Henry David Thoreau
笛卡兒　René Descartes
培根　Francis Bacon
莫坦森　Christian Mortensen
莫里森　Jim Morrison
都伯琳　Louis Dublin
強生　Robert Johnson
強森　Tom Johnson
寇納羅　Alvise, know as Luigi Cornaro
梅達華　Peter Medawar

雪萊 Mary Shelley
曼鏗 H. L. Mencken

十二畫

喬伊斯 James Joyce
喬叟 Geoffrey Chaucer
華滋華斯 William Wordsworth
凱瑟琳王后 Queen Catherine of Valois
湯瑪斯 Dylan Thomas
湯瑪斯・霍布斯 Thomas Hobbes
惠特曼 Walt Whitman
富蘭克林 Benjamin Franklin
費伯納契 Fibonacci
費雪 Kathleen Fischer
費德曼 David Friedman
黑弗利克 Leonard Hayflick
勞倫斯 D. H. Lawrence

十三畫

詹姆士 Henry James
愛德華七世 King Edward VII
達爾文 Charles Darwin
奧維德 Ovid
奧古斯都 Augustus
奧爾柯特 Louisa May Alcott
奧創 George Outram
瑞德 Henry Reed
塞內卡 Seneca
賈普琳 Janis Joplin
路易斯 Sinclair Lewis
溫納 Jonathan Weiner
葛萊德 Carol Greider

十四畫

赫雪爾 John Herschel

瑪士撒拉　Methuselah
蓋瑟瑞　Woody Guthrie
福特　Henry Ford

十五畫

歐文　Washington Irving
歐幾里德　Euclid
摩根　William Morgan
鄧約翰　John Donne
德桂　Aubrey de Grey

十六畫

霍華　Thomas Howard
霍姆斯　Oliver Wendell Holmes
霍爾登　J. B. S. Haldane
霍華德　Ira Howard

十七畫

濟慈　John Keats
賽巴斯汀　Sebastian
薛曼將軍　General Sherman
韓德爾　Handel

十八畫

魏斯曼　August Weismann

十九畫

麗莎・明妮利　Liza Minnelli
瓊斯　Brian Jones

二十畫

蘇斯博士　Dr. Seuss

地點與組織

三畫

小卡魯　Little Karoo

四畫

比爾卡班巴小鎮　Vilcabamba
公平保險社　Equitable Society
公平壽險社　Equitable Life Assurance Society
內華達州　Nevada

五畫

世界衛生組織　World Health Organization
加州大學河濱分校　University of California, Riverside
白山　White Mountains
白面山　Whiteface Mountain
平台山　Table Mountain

六畫

西敏學院　Westminister College

七畫

佛塔菲茲　Forta-fe-Zee

八畫

亞耳　Arles
亞馬遜　Amazon
底比斯　Thebes
門戶樂團　the Doors
阿第倫達克　Adirondacks
阿爾科生命延續基金會　Alcor Life Extension Foundation

九畫

英國國教教會　Anglican Chaurch

三畫

弓頭鯨　bowhead whale
大紅鸛　greater flamingo
大西洋鮭　Atlantic salmon
大鼠（褐鼠）　rat
小辮鴴　lapwing
小鼠（家鼠）　house mouse
工蜂　honeybee worker
女王蜂　honeybee queen

四畫

分生組織　meristems
水豚　capybara
水絲麻　puya
水蚤　water flea
木質部　xylem
心材　heartwood
牛蒡　burdock
毛地黃　foxglove
毛鱗魚　capelin
巴克斯　Bacchus
月見草　evening primrose
日本弓背蠼螋　Japanese hump earwig
文蛤　hard clam
太平洋鮭（銀鮭）　Pacific salmon / coho salmon

五畫

世代時間　generation time
古菌域　Archaea
北極蛤　ocean quahog
北美灰松鼠　eastern gray squirrel
生存年金　life annuities
生殖細胞　germ line
瓦勒邁杉　Wollemi pine

卡林玉蕊木　*Cariniana micrantha*

瓜利樹　gwarrie tree

白喉　diphtheria

白楊樹　aspen tree

白藜蘆醇　Resveratrol

巨人半邊蓮　giant lobelias

六畫

西敏寺大地磚　the Great Pavement of Westminster Abbey

多細胞性　multicellularity

有袋類　marsupials

有氧呼吸　aerobic respiration

伏翼　pipistrelle bat

老年學　Gerontologists

死亡率倍增時間　The Mortality Rate Doubling Time

早開龍膽花　early gentian

早衰症　Hutchinson-Gifford progeria syndrome

羊齒植物　bracken fern

自由基　free radical

自殺式繁殖　suicidal reproduction

朱諾　Juno

灰鸚鵡　grey parrot

竹　bamboo

地中海實蠅　medfly

艾可　Echo

尖鼠　shrew

交聯作用　cross-linking

七畫

秀麗隱桿線蟲　*Caenorhabditis elegans*

似胰島素生長因子　IGF-1

形成層　cambium

克隆王／無性之王　King Clone

八畫

林線　tree line
泥盆紀　Devonian
乳頭狀瘤　papilloma
佩托悖論　Peto's paradox
岡珀茨定律　the Gompertz law
拔爾薩姆冷杉　balsam fir
長葉車前草　long-leaved plantain
阿拉伯芥　thale cress
杭丁頓氏舞蹈症　Huntington's disease
虎鯨（殺人鯨）　orcas / killer whale
周六夜俱樂部　Saturday Night Club
周期蟬　periodical cicada
肺結核　tuberculosis
亞馬遜樹　Amazonian tree

果蠅　fruit fly
拉波德氏變色龍　Madagascan chameleon

九畫

幽門螺旋桿菌　*Helicobacter pylori*
紅杉（巨杉）　sequoias
紅鸛　flamingo
信天翁　albatross
洞螈（人面魚）　olm / human fish
耐受期　dauer
突變芽　sport
美洲海狸　American beaver
美洲黑熊　black bear
美洲鰻　American eel
美洲雙色樹燕　American tree swallow
美國西部黃松　ponderosa pine
美國西部側柏　western red cedar

美國側柏　eastern white cedar
突變累積理論　mutation accumulation theory
科西棕櫚　kosi palm
負鼠　opossum
南方巨鸌　southern giant petrel
秋龍膽花　autumn gentian
柳樹　willow

十畫

旅鶇　American robin
真細菌界　Eubacteria
真核生物　Eucarya
海拉細胞　HeLa
挪威智人　*H. sapiens norvegicus*
胰島素訊息傳遞路徑　insulin signaling pathway
胰腺　pancreas
針毬松　bristlecone pine
針葉樹　conifers
個蟲　zooid
氧化壓力　oxidative stress
家燕　barn swallow
高山雨燕　Alpine swift
馬來西亞角蟬　Malaysian treehopper
馬尾藻海　Sargasso Sea

十一畫

第十層天　primum mobile
硫磺珍珠菌　sulfur pearl bacterium
基因印記　genetic signature
袋獾　Tasmanian devil
淡水育珠蚌　freshwater pearl mussel
雀形目　perching bird
族長　Patriarch
被子植物　angiosperm

野濫縷菊 groundsel
野捲耳 chickweed
野生草莓 wild strawberry
野生胡蘿蔔 wild carrot
細微老化工程策略 Strategies for Engineered Negligible Senescence

十二畫

斑袋鼬 dibbler
象拔蚌 geoduck clam
最初死亡率 initial mortality rate
單次繁殖 semelparity
單卵孿生 monozygotic
智人 *Homo sapiens*
無限生長 indeterminate growth
韌皮部 phloem
紫杉 Yew
棕闊腳袋鼬 brown antechinus
番木鼈鹼 strychnine
超氧歧化酶 superoxide dismutase (SOD)
渡渡鳥（愚鴿） dodo
普通黃喉地鶯 common yellowthroat
黑弗利克限度 Hayflick limit
結核菌 tuberculosis bacterium
短壯辛氏微體魚 stout infantfish

十三畫

詩人角 Poets' Corner
愛達荷馬鈴薯 Idaho Potato
塔塔樹 Tutt-aTutt Tree
雷帕黴素作用標的 target of rapamycin
載脂蛋白E *APOE*
鉛筆柏（東方紅雪松） eastern red cedar
達爾文適性理論 Darwinian fitness

睪固酮　testosterone

萬年白楊樹　trembling aspen

十四畫

漩渦式滅絕　extinction vortex

裸隱鼠　naked mole-rat

銀鷗　herring gull

豪沙人　Hausa

蒿毛蕊花　mullein

端粒　telomere

端粒酶　telomerase

線蟲　nematode worm

十五畫

潰瘍菌　ulcer-causing bacterium

墨西哥星果棕櫚樹　Mexican *Astrocaryum* pal

模組化動物　modular animal

齒鯨　toothed whales

適性　fitness

歐洲寒鴉　European jackdaw

歐洲鰻　European eel

十六畫

遺傳譜系　genetic lineage

錫蘭行李葉椰子　talipot palm

龍膽花　gentian

龍舌蘭　century plant

樺樹　birch

鴕鳥　ostrich

樹燕　tree swallow

十七畫

曙光女神　Aurora

嬰兒死亡率　infant mortality

翼薊 spear thistle
黛安娜 Diana
鴯鶓 emu
營養系植物（同源植株） clonal plant

十八畫

雙卵孿生 dizygotic
雙向突變 double-acting mutation
擴散 metastasis

十九畫

鶇 thrush
邊材 sapwood
類風溼性關節炎 rheumatoid arthritis
類胡蘿蔔素 carotenoid
蟹蛛 crab spider

二十畫

罌粟 poppy

二十一畫

鐮刀葉羅漢松 Outeniqua yellowwood
灌叢 creosote bush

二十三畫

體細胞突變 somatic mutation
體細胞 soma

二十五畫

鸌 petrel

壽命天註定？——揭開生命週期、老化與死亡的關鍵機制
（初版書名：為什麼人類比老鼠長壽，卻比弓頭鯨短命？——解開壽命與老化之謎）

作　　者　強納森・席佛頓（Jonathan Silvertown）
譯　　者　鍾沛君
責任編輯　吳欣庭（一版）、李季鴻（二版）
校　　對　魏秋綢
版面構成　張靜怡
封面設計　開新檔案設計委託所
封面插畫　張靖梅
行銷統籌　張瑞芳
行銷專員　段人涵
出版協力　劉衿妤
總 編 輯　謝宜英
出 版 者　貓頭鷹出版

發 行 人　凃玉雲
發　　行　英屬蓋曼群島商家庭傳媒股份有限公司城邦分公司
104 台北市中山區民生東路二段 141 號 11 樓
劃撥帳號：19863813；戶名：書虫股份有限公司
城邦讀書花園：www.cite.com.tw　購書服務信箱：service@readingclub.com.tw
購書服務專線：02-2500-7718~9（週一至週五 09:30-12:30；13:30-18:00）
24 小時傳真專線：02-2500-1990~1
香港發行所　城邦（香港）出版集團／電話：852-2877-8606／傳真：852-2578-9337
馬新發行所　城邦（馬新）出版集團／電話：603-9056-3833／傳真：603-9057-6622
印 製 廠　中原造像股份有限公司
初　　版　2015 年 1 月／二版 2022 年 11 月
定　　價　新台幣 390 元／港幣 130 元（紙本書）
新台幣 273 元（電子書）
I S B N　978-986-262-581-1（紙本平裝）／978-986-262-584-2（電子書 EPUB）

讀者意見信箱　owl@cph.com.tw
投稿信箱　owl.book@gmail.com
貓頭鷹臉書　facebook.com/owlpublishing

【大量採購，請洽專線】(02) 2500-1919

城邦讀書花園
www.cite.com.tw

國家圖書館出版品預行編目資料

壽命天註定？——揭開生命週期、老化與死亡的關鍵機制／強納森・席佛頓（Jonathan Silvertown）著；鍾沛君譯．-- 二版．-- 臺北市：貓頭鷹出版：英屬蓋曼群島商家庭傳媒股份有限公司城邦分公司發行，2022.11
面；　公分．
譯自：The long and the short of it: the science of life span and aging
ISBN 978-986-262-581-1（平裝）

1. CST：生命科學　2. CST：壽命　3. CST：老化

361.273　　111015134

本書採用品質穩定的紙張與無毒環保油墨印刷，以利讀者閱讀與典藏。